"十四五"职业教育国家规划教材

行水云课数字教材

高等职业教育
水利类新形态一体化数字教材

水文水利计算与应用

（第二版）

主　编　舒晓娟

副主编　蓝忠华　黄勇强　程文飞

中国水利水电出版社
www.waterpub.com.cn
·北京·

内 容 提 要

本书是根据国家“双高计划”建设项目水利水电建筑工程专业群所包含专业水政水资源管理专业人才培养方案要求，按照“水文水利计算与应用”课程教学标准编写的。全书共有6个学习项目，主要内容包括水文资料的收集、设计年径流的计算、设计洪水的计算、水库兴利调节计算、水库防洪调节计算及综合项目等。

本书可供高等职业技术学院以及普通高等专科院校水利水电建筑工程、水政水资源管理、水土保持技术等水利类专业教学使用，也可供从事水利规划设计、水利工程管理、交通工程、市政工程的技术人员参考。

图书在版编目（CIP）数据

水文水利计算与应用 / 舒晓娟主编. -- 2版. -- 北京：中国水利水电出版社，2021.10(2025.7重印).
“十三五”职业教育国家规划教材
ISBN 978-7-5226-0160-1

Ⅰ. ①水… Ⅱ. ①舒… Ⅲ. ①水文计算－职业教育－教材②水利计算－职业教育－教材 Ⅳ. ①P333②TV214

中国版本图书馆CIP数据核字(2021)第211002号

书　　名	“十四五”职业教育国家规划教材 **水文水利计算与应用**（第二版） SHUIWEN SHUILI JISUAN YU YINGYONG
作　　者	主　编　舒晓娟 副主编　蓝忠华　黄勇强　程文飞
出版发行	中国水利水电出版社 （北京市海淀区玉渊潭南路1号D座　100038） 网址：www.waterpub.com.cn E-mail：sales@mwr.gov.cn 电话：（010）68545888（营销中心）
经　　售	北京科水图书销售有限公司 电话：（010）68545874、63202643 全国各地新华书店和相关出版物销售网点
排　　版	中国水利水电出版社微机排版中心
印　　刷	清淞永业（天津）印刷有限公司
规　　格	184mm×260mm　16开本　7.75印张　189千字
版　　次	2019年8月第1版第1次印刷 2021年10月第2版　2025年7月第2次印刷
印　　数	3001—7000册
定　　价	**35.00**元

职业技术学院潘玉敏教授级高级工程师、林欢硕士、曹洋硕士等参与部分内容的编写和数字化资源的制作。

在本书编写过程中，承蒙华南农业大学周浩澜副教授的大力指导和帮助，广东省水文局以及广东省水利水电勘测设计研究院等单位的相关工作人员也提供了热情帮助，编者在此一并表示感谢。

由于编者水平有限，书中难免有各种不足和缺点，恳请使用本书的师生提出宝贵意见。

编者

2021年7月

课件

第二版前言

本书是“十四五”职业教育国家规划教材。

本书第一版是高等职业教育水利类“十三五”系列教材。本次修订，贯彻落实党的二十大精神，为人才强国贡献职教力量。引导学生在学习知识、掌握技能，达到认知水文可为目的同时，将科学严谨、吃苦耐劳、甘于奉献等思政元素有机融入教材，让学生懂得水文人作为汛情吹哨人、防洪抢险排头兵、水质保护守护者的责任，感悟“坚守平凡、守护生命”的意义。坚持继承与创新相结合，采纳来自生产一线专家建议，内容充分反映新技术、新装备成果及未来发展的方向。在原内容基础上，增加了先进的测流技术——声学多普勒流速剖面仪法（Acoustic Doppler Current Profiler，ADCP）；根据水生态环境需求增长，增加了水质分析等内容。本书以新形态一体化教材的方式出版，提供了丰富的数字化教学资源，使教学内容更加直观生动，助力情景化教学，满足线上＋线下混合式教学的需求。

为了更好适应传统水利向现代水利的转变，培养推进水利可持续发展有精湛技艺的高素质技术技能人才，以职业能力培养为基础，以必需够用为度，以工程任务为导向，依托中国水利职业教育集团，与水利行业企业专家共同优化课程教学内容。以实际水文水利计算工作项目为引领，以完成任务所需的基本水文知识和分析方法为课程主线，根据学生的认知特点，从易到难安排了几个典型的水文计算与水利水电规划计算项目，使学生在完成项目的同时训练水文观测、分析和计算能力，获取相关知识。

本书的主要内容包括6个项目：水文资料的收集、设计年径流的计算、设计洪水的计算、水库兴利调节计算、水库防洪调节计算及综合项目等。项目一由广东省水文局佛山水文分局黄勇强高级工程师编写；项目二由广东水利电力职业技术学院蓝忠华编写；项目三至项目五由广东水利电力职业技术学院舒晓娟编写；项目六由太原理工大学程文飞编写。全书由舒晓娟担任主编并统稿，蓝忠华、黄勇强、程文飞担任副主编。深圳市铁汉生态环境股份有限公司刘青娥博士参与部分内容的编写，广东水利电力

第一版前言

本书是高等职业教育水利类“十三五”系列教材。

为了更好地适应传统水利向现代水利的转变，培养推进水利可持续发展有精湛技艺的高素质技能人才，以职业能力培养为基础，以必需、够用为度，以工程任务为导向，依托水利类专业顾问委员会等组织，与水利行业企业专家共同确定和调整课程教学内容。以实际水文水利计算工作项目为引领，以完成任务所需的基本水文知识和分析方法为课程主线，根据学生的认知特点，从易到难安排了几个典型的水文计算与水利规划计算项目，使学生在完成项目的同时训练水文观测、分析和计算能力，获取相关知识。

本书的主要内容包括六个项目：水文资料的收集、设计年径流的计算、设计洪水的计算、水库兴利调节计算、水库防洪调节计算及综合项目等。项目一由广东省水文局佛山水文测报中心黄勇强高级工程师编写；项目二、项目六由广东水利电力职业技术学院蓝忠华编写；项目三至项目五由广东水利电力职业技术学院舒晓娟编写。全书由舒晓娟担任主编并统稿，蓝忠华、黄勇强担任副主编，深圳市铁汉生态环境股份有限公司刘青娥博士也参与了部分内容的编写。

在本书编写过程中，承蒙广东水利电力职业技术学院奚文华老师的大力指导和帮助，广东省水文局以及广东省水利水电勘测设计研究院等单位的相关工作人员也提供了热情帮助，编者在此一并表示感谢。

由于编者水平所限，书中难免有各种不足和缺点，恳请使用本书的师生提出宝贵意见。

编者

2019 年 5 月

第一版前言

“行水云课”数字教材使用说明

“行水云课”水利职业教育服务平台是中国水利水电出版社立足水电、整合行业优质资源全力打造的“内容”＋“平台”的一体化数字教学产品。平台包含高等教育、职业教育、职工教育、专题培训、行水讲堂五大版块，旨在提供一套与传统教学紧密衔接、可扩展、智能化的学习教育解决方案。

本套教材是整合传统纸质教材内容和富媒体数字资源的新型教材，它将大量图片、音频、视频、3D动画等教学素材与纸质教材内容相结合，用以辅助教学。

内页二维码具体标识如下：

· ⓪为动画

· ⓑ为微课

· ⓔ为课件

· ⓟ为图片

线上教学与配套数字资源获取途径：

· 手机端

关注“行水云课”公众号→搜索“图书名”→封底激活码激活→学习或下载

· PC端

登录“xingshuiyun.com”→搜索“图书名”→封底激活码激活→学习或下载

资 源 索 引

项目一　水文资料的收集

项目训练 1-1

已知某流域有雨量站 1、3、4，流域外雨量站 2（图 1-1）。按泰森多边形法原理已求得各站的控制面积 f_i（表 1-1），现已测得一次 24h 各站降雨量 H_i（表 1-1），要求如下：

（1）作泰森多边形图。

（2）计算流域 24h 平均降雨量（面雨量）。

表 1-1　　流域平均降雨量计算表

雨量站	控制面积 f_i/km^2	权重 f_i/F	降雨量 H_i/mm	权雨量 H_i（f_i/F）/mm	备注
1	148		25		
2	84		21		
3	120		41		
4	155		38		
全流域	507				

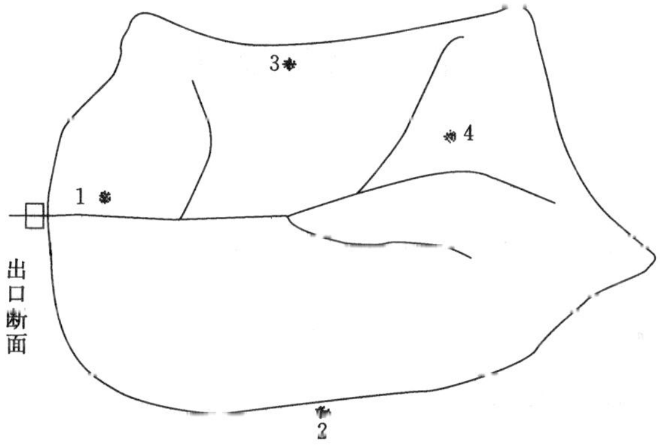

图 1-1　泰森多边形图解

项目训练 1-2

某站流域面积 $F=1000\text{km}^2$，多年平均径流模数 $\overline{M}=35\text{L/(s}\cdot\text{km}^2)$，流域多年平均降雨量 $\overline{H}=1800\text{mm}$。

由于蒸发器圆盆不大，其四周受热条件与天然水面不完全相同，因此仍存在差异。这种差异常用蒸发器系数 k 表示，其计算公式为

$$k=\frac{\text{天然水体蒸发量}}{\text{蒸发器蒸发量}} \tag{1-6}$$

k 也称为折算系数，一般由蒸发试验站试验提供。由式（1-6）可知，将蒸发器蒸发量资料应用于求水库、湖泊等水体的天然水体蒸发量时，必须乘以蒸发器系数 k。

（二）下渗

下渗：水分以垂直运动为主要特征，从土壤表面向土壤内部渗入的物理过程。

下渗率（下渗强度）：单位面积上、单位时间内渗入土壤中的水量，常用 mm/min 或 mm/h 计。

下渗能力（容量）：充分供水条件下的下渗率。

下渗能力（容量）曲线：下渗能力（容量）随时间变化的过程线。

五、径流

（一）河川径流的补给

河川径流的补给来源有雨水、冰雪融水、地下水和人工补给等。

（二）降雨径流的形成

1. 产流过程（扣损过程）

净雨过程：降雨过程减去损失过程，即得净雨过程。

损失：植物截留、填洼、雨期蒸发、补充土壤缺水量的下渗等。

2. 汇流过程

流域汇流可分为坡面汇流和河网汇流。

（三）径流的表示方法及单位

1. 流量 Q

流量是指单位时间内通过河流某一断面的水量，常用单位为 m^3/s。

2. 径流总量 W

径流总量是指一定时段内通过河流某一断面的水量，常用单位为 m^3、万 m^3、亿 m^3 等。径流总量与时段平均流量之间的关系为

$$W=\overline{Q}T \tag{1-7}$$

式中　$\overline{Q}$——时段平均流量，m^3/s；

T——计算时段，s。

3. 径流深 R

径流深是指将一定时段的径流总量平均铺在流域面积上所得到的水层深度，常用单位为 mm。径流深与径流总量的关系为

$$R=\frac{W}{1000F} \tag{1-8}$$

式中　F——流域面积，km^2。

4. 径流模数 M

径流模数是指单位流域面积上所产生的流量，常用单位为 $m^3/(s\cdot km^2)$ 或 L/(s·

km^2）。径流模数计算公式为

$$M=\frac{Q}{F} \tag{1-9}$$

5. 径流系数 α

径流系数是指流域某时段的径流深与形成这一径流深的流域平均降水量 H_F 的比值。径流系数的计算公式为

$$\alpha=\frac{R}{H_F} \tag{1-10}$$

（四）水位观测与资料整理

1. 水位观测

（1）人工水尺观测。

水尺按构造形式不同可分为直立式、倾斜式、矮桩式与悬锤式4种。其中应用最广泛的是直立式水尺。基本水尺的观读时间和次数，以能测得完整的水位变化过程为原则。当水位变化平稳时，每日8时与20时各观测1次。汛期内一般每日观测4次，即每日2时、8时、14时、20时各观测1次。水位变化较大或出现峰谷时还要加测，并要求测得洪水涨落过程和最高水位。观读时，身体应蹲下，使视线水平，并注意折光、波浪及壅水的影响，读数应读至0.5cm。

（2）自记水位计观测。

自记水位计是自动记录水位变化过程的一种仪器，具有记录连续、完整、节省人力的优点，有就地记录式和远传记录式两种。自记水位计台有岛式、岸式和岛岸结合式。

2. 水位资料整理

水位数值是由观测的水尺读数加水尺零点高程而得。当一日内水位变化缓慢，或水位变化虽较大，但观测是等时距时，可用算术平均法根据一日内各次观测水位求得日平均水位；当一日内水位变化大，观测为不等时距时，就根据面积包围法来求。将计算求得的日平均水位，填入“逐日平均水位表”（见《水文年鉴》）可统计年、月最高水位、最低水位、平均水位等。另外，还可以日平均水位为纵坐标，以时间为横坐标，绘制“逐日平均水位过程线图”。在汛期，按水位观测的时间顺序填表，即可得“洪水水位要素摘录表”。

（五）流量测验与资料整理

测验流量的方法有流速面积法、水力学法、化学法、物理法、直接法等。常用的方法为流速面积法，其中包括流速仪测流法、浮标测流法、比降面积法等。流速面积法测验流量主要包括过水断面测量、流速测量及流量计算。

1. 过水断面测量

断面测量时，先根据河宽的大小，在水面以下部分布设若干条测深垂线，然后测出各垂线处的起点距和水深。起点距是指测深垂线与岸上起点桩之间的水平距离。起点距的测定可用断面索观法、经纬仪测角交会法、GPS（global positioning system）定位等方法。水深一般可用测深杆、测深锤、测深铅鱼或回声测深仪等施测。

1-2 水位观测

1-3 流量测验

1-4 传统方法流量测验

1-5 断面测量示意图

1-6 测深杆图

1-7 测深锤图

1-8 回声测深仪

时送往水质实验室。

3. 水质分析

（1）重量分析法。

重量分析法大多用在无机物的分析中。根据被测组分与其他组分分离的方法不同，重量分析法又可分为沉淀法和气化法。

（2）滴定分析法与酸碱滴定法。

滴定分析法是将一种已知浓度的试剂（标准溶液）滴加到被测水样中，根据反应完全时所用试剂的体积和浓度，计算被测物质的含量。

酸碱滴定法是以酸碱反应为基础的滴定分析方法，可以用来测定水中酸、碱以及能与酸或碱起反应的物质的含量。

（3）氧化还原滴定法。

氧化还原滴定法是以溶液中氧化剂和还原剂之间的电子转移为基础的一种滴定分析方法。氧化滴定剂有高锰酸钾、重铬酸钾、硫酸铈、碘、碘酸钾、高碘酸钾、溴酸钾、铁氰化钾、氯胺等；还原滴定剂有亚砷酸钠、亚铁盐、氯化亚锡、抗坏血酸、亚铬盐、亚钛盐、亚铁氰化钾、肼类等。

（4）沉淀滴定法。

沉淀滴定法是以沉淀反应为基础的一种滴定分析方法。实际上应用最多的是银量法，分别是以创立者的姓名来命名的：莫尔法、福尔哈德法和法扬斯法。

（5）仪器分析法。

分光光度法是通过测定被测物质在特定波长处或一定波长范围内对光的吸收度，对该物质进行定性和定量分析的方法。它具有灵敏度高、操作简便、快速等优点，是水质分析中最常用的实验方法。

电位分析法是通过测量两个电极间的电位差来测定溶液中某组分含量的方法，包括直接电位法和电位滴定法。

气相色谱法是利用气体作流动相的色层分离分析方法。气相色谱法由于所用的固定相不同，可以分为两种：用固体吸附剂作固定相的称为气固色谱，用涂有固定液的单体作固定相的称为气液色谱。

原子吸收分光光度法简称原子吸收法，是利用被测元素基态原子蒸气对其共振辐射线的吸收特性进行元素定量分析的方法。其定量依据为光吸收定律，即朗伯-比尔定律。

1-12 ▶

ADCP 流量测验

六、泥沙

河水中所挟带的泥沙称为固体径流。河流泥沙可分为悬移质和推移质两种，悬移质颗粒小而轻，悬浮于水中，也称浮沙；推移质颗粒粗而重，沿河底而动，也称底沙。

（一）泥沙的表示方法及计量单位

1. 含沙量 ρ

含沙量是指单位体积浑水中所含泥沙的质量，常用单位为 kg/m^3。

2. 输沙率 Q_S

输沙率是指单位时间内通过河流某断面的泥沙质量，常用单位为 kg/s。输沙率的计算公式为

$$Q_S = Q\rho \tag{1-11}$$

式中 Q——断面流量，m^3/s。

3. 输沙量 W_S

输沙量是指某时段内通过河流某断面的泥沙质量，常用单位为 kg 或 t。输沙量的计算公式为

$$W_S = Q_S T \tag{1-12}$$

式中 T——计算时段，s。

4. 侵蚀模数 M_S

侵蚀模数是指单位流域面积上的输沙量，常用单位为 t/km^2。侵蚀模数的计算公式为

$$M_S = \frac{W_S}{F} \tag{1-13}$$

式中 F——流域面积，km^2。

（二）悬移质泥沙测验

1. 测点含沙量测验

（1）采集水样。

悬移质测点含沙量测验，需在测验断面的测沙垂线上采集水样。采集水样的仪器叫作悬移质采样器。悬移质采样器形式很多，有瓶式采样器、横式采样器等，其中横式采样器应用最广泛。

（2）水样处理。

水样经过量体积、沉淀、过滤、烘干、称重等处理后，求得一定体积的浑水中所含干沙的质量 W_S，测点含沙量可用式（1-14）计算，即

$$\rho = \frac{W_S}{V} \tag{1-14}$$

式中 ρ——测点含沙量，g/cm^3 或 kg/m^3；

W_S——浑水中干沙的质量，g 或 kg；

V——浑水水样的体积，cm^3 或 m^3。

2. 垂线平均含沙量计算

测点含沙量在过水断面上分布是不均匀的，一般河底含沙量大于水面，靠近主流和局部冲刷处含沙量比两岸大。根据各测点含沙量，可用测点流速加权计算得垂线平均含沙量。

3. 断面输沙率计算

断面输沙率可用式（1-15）计算，即

$$Q_S = \rho_{m1}q_0 + \frac{\rho_{m1}+\rho_{m2}}{2}q_1 + \frac{\rho_{m2}+\rho_{m3}}{2}q_2 + \cdots + \frac{\rho_{m(n-1)}+\rho_{mn}}{2}q_{n-1} + \rho_{mn}q_n \tag{1-15}$$

式中 Q_S——断面输沙率，kg/s 或 t/s；

$\rho_{m1}, \rho_{m2}, \cdots, \rho_{mn}$——各条测沙垂线的垂线平均含沙量，$kg/m^3$；

$q_0, q_1, \cdots, q_n$——以测沙垂线分界的部分流量，m^3/s。

4. 断面平均含沙量计算

断面输沙率 Q_S 与断面平均流量 Q 的比值，即为断面平均含沙量 $\bar{\rho}$，常用单位为 kg/m^3，即

$$\bar{\rho}=\frac{Q_S}{Q} \tag{1-16}$$

（三）悬移质泥沙资料整理

由于悬移质泥沙的测验工作比较繁重，不可能逐日施测，而工程设计中往往需要了解一定时段内输沙量的变化过程。为了解决这一问题，生产中采用在断面某代表性位置采集水样称为单位水样，计算单位水样含沙量（简称单沙），与此同时测得断面平均含沙量（简称断沙）。根据多次实测的断面平均含沙量和单位含沙量的成果，可绘出单沙与断沙的关系线图。有了单、断沙关系，经常性的泥沙取样工作便可只在代表性测点上进行。根据测定的单位含沙量，就可以直接由单、断沙关系线查得断面平均含沙量，然后再求出断面输沙率。

（四）推移质泥沙的测验

推移质泥沙是沿着河底向下游滚动的，故测验时必须把推移质采样器沉放到河底，并沿着河宽在不同部分取样。推移质泥沙测验的工作程序为：先在断面布置若干测线，这些测线尽可能与悬移质含沙量测验的测线重合，数量可稍少一些，并应设在有推移质的范围内；然后在每条测线上用采样器在河底的一定宽度内截取一定时期内通过的推移质，从而计算出断面推移质泥沙输沙率。推移质泥沙断面输沙率的计算步骤如下。

1. 基本输沙率的计算

各条垂线的基本输沙率用下式计算：

$$q_b=\frac{100W_b}{tb} \tag{1-17}$$

式中　q_b——基本输沙率，即单位宽度推移质输沙率，$kg/(s \cdot m)$；

W_b——干沙质量，kg；

t——取样历时，s；

b——采样器的进口宽度，m。

2. 断面输沙率的计算

用相邻垂线基本输沙率的均值，乘以两垂线间的距离求得部分输沙率，再求其总和即得断面输沙率。

七、水文资料收集

水文资料是水文水利计算的依据，水文资料的获取除了通过上述实测的方法得到外，通常还可通过水文调查（洪水调查、暴雨调查、枯水调查）等方法收集资料，也可借助《水文年鉴》《水文手册》《水文图集》及水文数据库。以下对洪水调查、《水文年鉴》《水文图集》和《水文手册》作简单介绍。

（一）洪水调查

洪水调查的对象主要指历史洪水。历史洪水调查资料对于水利工程的规划设计工

作具有十分重要的意义。这是因为我国大多数河流实测洪水资料一般只有几十年，这对用数理统计法来推求百年、千年甚至万年一遇设计洪水来说是很不够的。为了提高设计洪水计算成果的精度，开展历史洪水调查工作，补充历史洪水资料是非常必要的。

历史洪水调查的任务是：通过现场调查，参考历史文献和文物考证，力求了解工程地点或流域内近一二百年或更长历史时期内发生过的大洪水情况。调查前应根据任务要求制订工作计划，做好准备工作。收集流域的基本资料，如流域地形图、河道纵横断面图、沿河水准点高程和位置等。查阅有关历史文献，如县志、省志等，了解历史洪水的发生年代，灾情描述、洪水大小等，以及前人有关调查访问的资料。调查的地点，应选择在工程所在地附近，河道顺直，断面规整，控制条件良好的河段，以满足推算流量的要求。并尽可能选择在老居民点、古庙、卡口及渡口等地方，因为这些地方往往留有较可靠的洪水痕迹。要实地进行调查访问。一般以个别访问为主或召开座谈会，要讲明来意，共同回忆，弄清情况。了解的内容包括：各次历史上发生大洪水的年、月、日及其大小次序，最高水位痕迹的位置，洪水涨落过程等。并注意与文献提供的资料相结合，请有关老人及知情者到现场指认洪水痕迹，了解河道断面冲淤变化及河床组成情况。在这一阶段，调查者应注意判断调查情况，去伪存真，使调查情况可靠真实。调查访问以后，接着进行测量工作。测量工作包括：河道地形测量；绘制河段平面图以及河道纵、横断面图；测量最高水位时洪水痕迹的高程（即历史洪水的洪峰水位）；确定洪水痕迹在纵、横断面图上的位置。对有价值的洪痕、文献文物、地形等进行摄影并附以说明。

如果调查到的洪水痕迹靠近水文站，则可根据水文站实测的水位与流量关系曲线，向上外延至洪痕高程，推求该次历史洪水的洪峰流量。若附近没有水文站，当调查河段的断面呈单一式，能调查到两个以上洪痕时，可按水力学的曼宁公式推求洪峰流量 Q_m，即

$$Q_m = \frac{1}{n}\omega R^{2/3} J^{1/2} \tag{1-18}$$

式中 ω——相应于最高洪水位时的过水断面面积，m^2；

R——相应的水力半径，m；

J——水面比降，用上、下断面洪痕点的高差除以两断面间沿河间距而得；

n——河床糙率。

如果河床横断面的形状属于复式的，由于主槽和两岸滩地水流条件有差别，通常需将断面上主河槽和两岸滩地分成 3 部分，分别按式（1－18）计算各部分流量，然后相加求断面洪峰流量。如果通过洪水调查，了解到洪水涨落情况，能大致绘出水位过程线时，则可根据水位与流量关系曲线，推求出流量过程线，大致估算出洪水总量。

（二）《水文年鉴》

水文资料的主要来源是水文主管部门负责逐年刊印成册的《水文年鉴》。水文测站取得的观测资料是不系统的原始资料，不便于使用，必须按照全国统一的规定和格式，经过水文工作者的整编，使之系统化后才能正式刊布在《水文年鉴》上，供相关部门使用。《水文年鉴》按流域、干支流及上下游统一编目，全国共计 10 卷 74 分册。《水

文年鉴》的主要内容有：测站分布图，水文站基本情况，各测站的水位、流量、泥沙、水化学、冰凌、地下水、降水、蒸发等资料。通常《水文年鉴》作为内部资料发至各级水利机构、学校和科研单位，供查用。若需要使用近期尚未刊布的水文资料，或需要查阅更详细的原始记录时，可向有关水文测站、水文局或流域机关收集。《水文年鉴》中不刊布专用站或试验站的观测资料及整编成果，需要时也可向有关部门收集。

（三）《水文图集》和《水文手册》

《水文年鉴》只刊布各基本水文测站的资料，水文基本站网不可能布设得非常稠密，因此，小河流上中、小型的规划设计中常遇到水文资料欠缺的情况。为此，需要借助区域性的水文资料来估算水利工程所在位置的水文设计值。20 世纪 50 年代末期至 60 年代初期，各省（直辖市、自治区）水文部门在分析综合当地历年水文资料的基础上，编制了适合本省（直辖市、自治区）的《水文手册》和《水文图集》，供规划设计者查用。它们在我国的中、小型水利水电建设中曾发挥了重大作用。1978 年在水利部统一部署下，全国各省（直辖市、自治区）进行大量的资料整理和分析工作，在此基础上于 20 世纪 80 年代中期编制了本省（直辖市、自治区）的《暴雨洪水图集》或《暴雨洪水查算手册》，又统称为《暴雨径流查算图表》。它包括了由暴雨计算设计洪水的一整套图表及经验公式、经验参数等。水电部（83）水电水规字第 7 号文件指出："……各省（直辖市、自治区）编制的《暴雨径流查算图表》在无施测流量资料系列的地区，可作为今后中小型水库（一般用于控制流域面积在 $1000km^2$ 以下的山丘区工程）进行安全复核及新工程设计洪水计算的依据。"对于流域面积小于 $10km^2$ 与大于 $1000km^2$ 的无资料流域，原则上也可参考采用《暴雨径流查算图表》中的方法与参数。

项目二　设计年径流的计算

项目训练2-1

某河甲站（下游站）流域面积为2866km^2，具有1955—1981年实测年平均流量资料（表2-1）。某河乙站（上游站）流域面积$F=472$km^2，具有1965—1974年实测径流资料（表2-2和表2-3），今要在乙站上游约2km的地方修建水电站。请推求乙站$P=90\%$、$P=50\%$、$P=10\%$的年平均流量及其年内分配。

表2-1　　甲站实测年平均流量表　　单位：m^3/s

年份	1955	1956	1957	1958	1959	1960	1961	1962
年平均流量 Q	115	71.8	175	77.8	185	115	142	131
年份	1963	1964	1965	1966	1967	1968	1969	1970
年平均流量 Q	37.4	113	108	152	83.9	183	109	89.1
年份	1971	1972	1973	1974	1975	1976	1977	1978
年平均流量 Q	91.9	92.5	186	125	195	124	70.8	91
年份	1979	1980	1981					
年平均流量 Q	131.9	124.92	142.04					

表2-2　　乙站实测年平均流量表　　单位：m^3/s

年份	1965	1966	1967	1968	1969	1970	1971	1972	1973	1974
年平均流量 Q	16.5	22.8	15.2	30.7	13.5	15.3	16.7	13.7	27.3	19.9

表2-3　　乙站实测年份月平均流量表　　单位：m^3/s

年份	月平均流量 Q												年平均流量
	1	2	3	4	5	6	7	8	9	10	11	12	
1965	5.73	5.22	4.90	24.1	42.3	29.1	22.0	20.2	13.0	11.9	11.4	7.23	16.5
1966	5.42	5.16	6.56	18.0	12.5	111.0	56.9	25.1	12.5	82.3	6.58	5.67	22.8
1967	4.98	5.83	4.04	19.5	24.2	13.4	21.3	42.8	10.0	10.6	8.63	5.07	15.2
1968	4.80	6.82	8.97	5.88	21.5	127.0	78.5	54.4	29.5	13.5	10.8	6.97	30.7
1969	9.95	7.79	11.3	13.8	20.7	17.3	19.0	19.0	11.1	10.0	7.01	5.70	13.5
1970	5.14	4.11	8.12	9.93	27.0	25.3	20.9	22.9	25.2	76.1	9.90	8.06	15.3
1971	6.13	6.33	7.83	16.2	18.9	38.8	23.3	30.1	19.5	11.9	10.0	10.8	16.7
1972	6.06	4.90	3.12	10.1	38.4	31.1	14.2	17.9	13.1	8.21	9.42	7.64	13.7
1973	9.13	6.00	5.11	29.6	77.2	57.7	37.2	35.2	35.1	17.5	10.0	7.05	27.3
1974	6.25	5.40	3.99	10.9	23.1	81.1	42.7	16.7	15.5	15.7	10.2	7.18	19.9

计算步骤及提示：

（1）甲站与乙站年径流相关分析（用相关计算法）。

（2）延长乙站1955—1964年、1975—1981年的年径流资料。

（3）推求乙站$P=90\%$、$P=50\%$、$P=10\%$的设计年径流及其年内分配。

（4）理论频率曲线和经验频率点画在概率格纸上，相关分析线画在方格纸上。

项目训练2-2

某小河准备修建一座中型的水库，查该水文图集知：（1）多年平均年径流深$\overline{R}=1400\text{mm}$；（2）年径流变差系数$C_{VR}=0.35$；（3）本地区枯水年降雨月分配（见表2-4）；（4）$F=42.3\text{km}^2$。试求水库$P=90\%$的设计年径流及其年内分配。

计算提示：设$C_{SR}=2C_{VR}$。

表2-4　　本地区枯水年降雨月分配表

月份	1	2	3	4	5	6	7	8	9	10	11	12	全年
降雨月分配/%	2.0	3.0	4.7	8.9	17.5	20.4	13.6	14.7	8.7	3.1	1.6	1.8	100

2-1 概述

知识链接2

一、概述

（一）年径流量及其特征

1.年径流量的表示

年径流量是指在一个年度内通过河流某一断面的水量，由这个断面以上的流域所汇集而成。年径流量可以用年径流总量W、年平均流量$\overline{Q}$、年径流深R及年径流模数M等特征值来表示。河川径流的年径流量可以反映其水资源的数量和特性，不仅包含降雨时产生的地面径流，还包含了地下径流。由于河川径流年际变化大，世界各国多采用多年平均径流量，即年径流量的多年平均值来表示其蕴藏的水资源量。

2.年径流量的统计年度

（1）日历年度。《水文年鉴》中，按照日历年度统计年径流量。

（2）水文年度。水文年度以水文现象的循环规律来划分，即从每年的汛期开始时起到次年汛期开始前止。一个水文年度内的径流基本上由该年度的降雨所产生。

（3）水利年度。水利年度以水库的蓄泄周期来划分，即从水库开始蓄水时起到日历年次年供水期结束时止。

由于我国各地气候的差异，水文年度和水利年度的起止日期不一致，各地均有具体规定。

3.年径流量的变化特征

（1）年内变化。年径流量在年内由汛期和枯水期组成，而每年汛期和枯水期的起讫时间不一，历时长短不一，水量多少不一，径流过程从不重复，以致年内分配每年各不相同、变化多端。

(2)年际变化。年径流量在年与年之间的变化也很大，各年的水量多少相差很大。根据年径流量的多少，大致分为3种年型：①平水年，即年平均流量接近多年平均流量的年份；②丰水年，即年水量较多的年份；③枯水年，即年水量较少的年份。丰、平、枯3种年型往往呈现交替循环的变化，且有丰水年组和枯水年组交替出现的现象。

(二)影响年径流的因素

2-2

影响年径流的因素

1. 气候因素

从闭合流域的水量平衡方程可知：闭合流域年径流量的大小取决于年降水量、年蒸发量和流域当年蓄水的变化量。降水和蒸发是流域的气候因素，对年径流量起着决定性的作用。我国南方湿润和半湿润地区，年径流量和年降水量的关系一般比较密切，而北方干旱地区，年降水量少，且大部分消耗于蒸发，年径流系数较小，故而年径流量与年降水量的关系不是很密切。

2. 下垫面因素

水量平衡方程中流域蓄水量的变化主要取决于流域的下垫面因素和人类活动情况。下垫面因素包括地形、土壤、植被、地质条件、湖泊、沼泽和流域面积等。这些因素对年径流的影响一方面表现在流域蓄水能力上；另一方面通过对降水和蒸发等气候条件的改变间接地对径流产生影响。

3. 人类活动

人类活动对年径流的影响包括直接与间接两个方面。直接影响如跨流域引水，间接影响如修建水库、塘堰等水利工程，旱地改水田、坡地改梯田、植树造林等。人类活动在改变年径流量的同时也改变了年径流的年内分配过程。

(三)设计年径流计算的任务及内容

2-3

设计年径流计算的任务及内容

1. 设计年径流计算的任务

对河流进行水利规划，修建水利水电工程，工程的规模需要依据来水与用水情况经过分析计算来确定。如图2-1所示，图中对于同样的用水过程；来水过程不同，供水所需的水库库容也不同，往往径流年内分配不均匀的年份所需库容较大，即$V_a > V_b$。由此可见，水库库容的大小取决于天然径流的年内分配过程与用水过程之间的矛盾。设计年径流分析与计算的主要任务就是为满足国民经济各部门用水需求，研究年径流的年际变化及年内分配规律，预估未来工程运用期间的径流变化情况，为合理确定工程规模和效益提供设计依据，即符合一定设计频率的年径流量及其年内分配过程。

2. 设计年径流计算的内容

设计年径流计算内容主要包括设计年径流量及设计年径流的年内分配两部分。根据资料情况可分为有长期实测资料、有短期实测资料和缺乏实测资料3种情况，具体计算时可采用不同的方法和途径。

二、具有长期实测径流资料地区的设计年径流计算

(一)资料审查

水文资料是水文分析计算的依据，直接影响着水文分析计算成果的精度，进而影

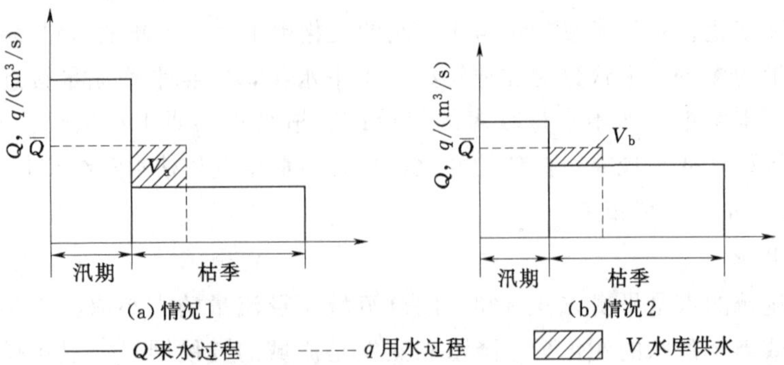

图 2-1　某工程来、用水过程线

响到工程设计的精度和工程的安全。因此，对所使用的水文资料必须认真地进行审查。审查内容包括资料的可靠性、一致性和代表性 3 个方面。

1. 可靠性

对原始资料的可靠程度进行鉴定，从资料的来源、测验和整编方法上进行检查，并通过上下游、干支流水量平衡来检查成果是否合理。

2-4 资料审查

2. 一致性

一致性是指统计系列由同一成因的资料所组成。年径流系列是否具有一致性决定于流域上影响年径流的气候条件和下垫面条件是否稳定。流域气候条件变化缓慢，在有限的年代内可以认为是相对稳定的。但下垫面条件则可能由于人类活动而产生显著的变化，进而影响到径流的一致性。例如，上游修建引水工程，则工程建成后，下游实测资料较之工程建成前发生了明显的变化，也就是资料的一致性遭到了破坏。为此，需要对引水工程建成后的实测资料进行还原计算，修正到工程建成前的统一基础上，消除径流形成条件不一致的影响后再进行设计年径流的分析计算。

3. 代表性

代表性是指样本系列的统计特性是否能够很好地反映总体的统计特性。在年径流的分析计算中，是用以往长期实测年径流系列来反映未来年径流变化的，因此，样本代表性的高低在很大程度上决定着设计成果的精度。一般认为，连续实测资料达到 30 年以上视为具有一定的代表性。若资料的代表性不强，则要设法展延设计站的径流系列，以加强系列的代表性。

（二）长系列法与代表年法

1. 长系列法

当实测年径流资料较长（$n>20$ 年），且具有逐年的月径流资料时，按照水利年度重新整理成一个新的年、月径流系列，作为设计条件下的来水过程。设计条件下的来水过程结合历年的逐月用水过程，逐年进行径流调节计算，求出水库每年所需的兴利库容。将水库各年的兴利库容作为样本进行频率分析，便可求得符合设计保证率的兴利库容，此为长系列法。这种方法对水文资料要求较高，计算工作量大，主要适用于大型水利水电工程的规划设计，对于中、小型水利水电工程的规划设计大多采用代表年法。

2. 实际代表年法

从实测的年、月径流资料中选出某一实际的干旱年作为代表年，以此作为未来设计条件下的来水过程，结合该年的用水过程进行径流调节计算，即可确定工程的规模。这种方法广泛应用于小型灌溉工程的规划设计，虽然不一定符合规定的设计保证率，但由于历史上曾经发生的干旱年份给人们留下了深刻的印象，认为只要这样的年份的供水得到保证，就达到工程修建的目的。

3. 设计代表年法

将实测年径流资料按照水利年度重新整理成新的年、月径流系列，逐年计算各水利年的年平均径流量，然后对逐年年平均径流量组成的样本进行频率分析，得出符合设计保证率的年径流量，即设计年径流量。然后进行设计年径流量的年内分配计算，得出设计条件下的来水过程，结合用水过程进行径流调节计算，以此确定工程的规模。

（三）设计年径流量的计算——频率计算

河川径流的变化具有一定的随机性，可利用水文统计中常用的频率计算来分析其统计规律，并由其统计规律对河流未来的水文情势作出概率预估，即得出符合某一设计频率的设计年径流量，为水利水电工程建设提供依据。

1. 频率与重现期

（1）频率。

2-5 频率

频率是描述随机事件出现可能性大小的一个具体数，不同于概率，概率是理论值，而频率是经验值，随着试验次数的增多，频率逐渐稳定，并趋近于概率。因为水文资料属于连续性随机变量，所以水文分析计算更多的是研究随机变量取值不小于某一数值的频率分布，即 $P(X \geqslant x_i)$。我国水文统计中常用数学期望公式来计算经验频率，即

$$P=\frac{m}{n+1}\times 100\% \tag{2-1}$$

式中 P——不小于某一变量 x_i 的经验频率；

m——变量 x_i 从大到小排列的序号；

n——资料系列的总项数。

（2）重现期。

2-6 重现期

由于频率是一个抽象的数理统计术语，为便于理解，有时采用“重现期”来代替频率。重现期是指某一随机变量在很长时期内平均多少年出现一次（多少年一遇）。频率与重现期的关系有两种表示方法。

1）当研究暴雨或洪水时（一般 $P\leqslant 50\%$），有

$$T=\frac{1}{P} \tag{2-2}$$

式中 T——重现期，年；

P——频率，%。

例如，某一洪水频率为 $P=1\%$ 时，代入式（2-2）中算得 $T=100$ 年，称此洪水为百年一遇的洪水，表示不小于这样的洪水平均 100 年会遇到一次。

适线时根据理论频率曲线和经验频率点的拟合情况，适当地调整参数，直至拟合最佳为止。调整参数时，首先考虑调整 C_s，其次考虑 C_v，必要时也可适当调整 $\overline{x}$。取最佳拟合曲线作为最终选用的频率曲线，在曲线上可查得对应于设计频率的设计值 x_p，作为确定工程规模的水文依据。

（2）适线的准则。

1）尽量照顾点群趋势，使曲线通过点群中心。

2）适线时不能兼顾首尾时，应根据适线的变量，着重考虑曲线的中上部分（对于暴雨、洪水），或中下部分（对于年雨量、年径流、枯水）配合好。

3）适线时使曲线尽量靠近精度较高的经验点数据。

2-8

设计年径流量年内分配的计算

（四）设计年径流量年内分配的计算

工程规模的选定，不仅与年径流量的大小有关，而且与年径流量的年内分配有关。径流的年内分配过程不同，供水所需的水库库容也不同，所以，在求得设计年径流量之后，还必须进一步确定其年内分配过程。通常采用同倍比法或同频率法对典型年的径流过程进行缩放，以此推得设计年的年内分配过程。

1. 典型年的选择

从实测的逐年径流资料中，按照以下原则选择典型年：

（1）水量相近。即典型年的年径流量与设计年径流量接近。

（2）对工程不利。即典型年的年内分配过程对工程是不利的，这样选择的典型年可使工程设计趋于安全。比如，对于灌溉工程应选择灌溉季节来水较枯，非灌溉季节来水量较大的年份；对于发电工程，则应选择枯水期较长且径流较枯的年份。

2. 年内分配计算

（1）同倍比法。

将典型年的年内分配过程乘以同一个倍比进行缩放，求得设计年的径流年内分配过程。缩放倍比按式（2-8）计算，即

$$K=\frac{Q_{\mathrm{p}}}{Q_{\mathrm{D}}} \tag{2-8}$$

式中　Q_{p}——设计年径流量；

Q_{D}——典型年径流量。

（2）同频率法。

将典型年的年内分配过程分段按照不同的倍比进行缩放，得设计年的径流年内分配过程，以保证各时段的径流量都符合设计频率的要求。

例如，除了要求年径流量符合设计频率外，同时又要求供水期的径流量也符合设计频率，则除了需要对年径流量组成的样本进行频率计算求得设计年径流量 $W_{年,\mathrm{p}}$ 之外，还需对各年供水期径流量组成的样本进行频率计算求得设计年的供水期径流量 $W_{供,\mathrm{p}}$。相应统计典型年的年径流量 $W_{年,\mathrm{D}}$ 和供水期径流量 $W_{供,\mathrm{D}}$，计算缩放倍比。

供水期缩放倍比为

$$K_{供}=\frac{W_{供,\mathrm{p}}}{W_{供,\mathrm{D}}} \tag{2-9}$$

其余各月的缩放倍比为

$$K_{年-供}=\frac{W_{年,\mathrm{p}}-W_{供,\mathrm{p}}}{W_{年,\mathrm{D}}-W_{供,\mathrm{D}}} \tag{2-10}$$

三、具有短期实测径流资料地区的设计年径流计算

当设计站的实测径流资料不足20年，或资料系列虽较长，但系列有缺漏或代表性较差，则应设法插补延长资料系列，提高系列的代表性，然后根据展延后的径流系列进行设计年径流计算。

（一）样本资料的展延

在水文计算中，通常应用相关分析来插补延长水文资料系列，即分析水文变量之间的相关关系，用相关直线及其对应的直线方程来描述这种关系，以此作为依据，利用长系列资料对样本系列进行插补延长，以达到提高样本系列代表性的目的。

1. 相关图解法

设x、y两水文系列共有n对同期观测值，将相关点（x_i，y_i）点绘到方格纸上，得到n个相关点，如果相关点分布集中，分布趋势近似直线，则以经过均值点（$\overline{x}$，$\overline{y}$）为控制，目估过点群中央可定出一条相关直线。在图上查读相关直线的斜率b和y轴截距a，即可定出相关直线方程$y=a+bx$。利用直线方程，可由x系列插补延长y系列中缺测年份的资料，或者直接在图上以x值查得相应缺测的y值。图解法虽然简便实用、精度尚好，但目估定线有一定的任意性，且缺乏一个定量的指标来判断两个变量间关系的密切程度。

2-9 相关图解法

2. 相关计算法

在相关点较少或者分布散乱时，目估定线往往存在较大的偏差，最好采用相关计算法。相关计算法利用数学中的最小二乘法原理使相关直线与相关点拟合最佳，推导出相关直线的回归方程为

2-10 相关计算法

$$y-\overline{y}=r\frac{\sigma_y}{\sigma_x}(x-\overline{x}) \tag{2-11}$$

其中
$$\sigma_x=\sqrt{\frac{\sum_{i=1}^{n}(x_i-\overline{x})^2}{n-1}},\quad \sigma_y=\sqrt{\frac{\sum_{i=1}^{n}(y_i-\overline{y})^2}{n-1}}$$

式中　$\overline{x}$，$\overline{y}$——x、y系列的均值；

σ_x，σ_y——x、y系列的均方差；

r——相关系数。

相关系数r是反映两变量关系密切程度的指标，可通过式（2-12）计算，即

$$r=\frac{\sum_{i=1}^{n}(x_i-\overline{x})(y_i-\overline{y})}{\sqrt{\sum_{i=1}^{n}(x_i-\overline{x})^2\sum_{i=1}^{n}(y_i-\overline{y})^2}}=\frac{\sum_{i=1}^{n}(k_{x_i}-1)(k_{y_i}-1)}{\sqrt{\sum_{i=1}^{n}(k_{x_i}-1)^2\sum_{i=1}^{n}(k_{y_i}-1)^2}} \tag{2-12}$$

式中　k_{x_i}，k_{y_i}——x、y 系列的模比系数，$k_{x_i}=\frac{x_i}{\overline{x}}$，$k_{y_i}=\frac{y_i}{\overline{y}}$。

$r=0$，表示两变量没有关系；$r=\pm1$，表示两变量为函数正相关或函数负相关；$0<|r|<1$，表示两变量为统计相关，且 $|r|$ 越大，相关关系越密切。

3. 相关分析中应注意的问题

（1）必须分析论证变量间是否确实存在物理成因上的联系。相同水文变量，一般要求设计站与参证站的地理气候条件具有一定程度的相似性。

（2）同期观测资料不能太少。一般要求 n 在 10 年以上，否则抽样误差太大，影响相关分析成果的可靠性。

（3）要有较大的相关系数。在水文计算中，一般认为相关系数 $|r|>0.8$ 时相关密切，相关分析成果才可应用。

（4）在插补延长资料时，如需用到回归线上无实测点控制的外延部分，应特别慎重，一般不宜超过实际幅度的 50%。

（5）用相关分析法展延系列时，应尽量避免假相关和辗转相关。

（二）参证变量的选取

作为插补延长设计站径流资料的依据，参证变量的选取必须具备以下几个条件：参证变量与设计变量在物理成因上有密切联系；参证变量应具有长期的实测资料，系列本身有较高的代表性；参证变量与设计变量之间有一段足够长的同期观测资料，以便建立相关关系。根据上述条件，结合具体的资料情况，可选用不同的参证资料来展延年径流系列。在水文计算中，通常选择本流域自然地理条件相似的上、下游站的年径流或降水资料作为参证变量。

1. 利用年径流资料展延系列

在设计站的上、下游或邻近流域具有相似地理气候条件的测站可选作参证站。利用同期观测资料按相关图解法或相关计算法建立参证站和设计站的相关关系，然后根据参证站的长系列资料将设计站的资料系列进行插补延长。

2. 利用降雨资料展延系列

在湿润地区，年径流系数较大，年径流量与流域上的平均年降雨量关系密切。当设计站附近有长期实测降雨资料时，可选用流域平均年降雨量作为参证变量来展延年径流量系列，一般可得到良好的结果。但在干旱地区，由于年降雨量大部分消耗于流域蒸发，年径流系数较小，此时年降雨量与年径流的关系并不密切，不能利用其相关关系来展延径流系列。

（三）设计年径流的计算

有了插补展延的年径流量系列后，即可进行频率计算及年内分配计算，方法与具有长期实测径流资料的情况相同。

四、缺乏实测径流资料地区的设计年径流计算

许多中、小河流的工程设计地点，经常遇到缺少实测径流资料，或者实测径流资料系列太短而无法展延的情况。在这种情况下，设计年径流及其年内分配只有通过间接途径来推求。目前常用参数等值线图法或水文比拟法来估算年径流分布的 3 个统计参数，即 $\overline{x}$ 、C_v、C_s，然后算出设计年径流量，进一步推求设计年径流的年内分配。

（一）设计年径流量的计算

1. 统计参数的估算

（1）等值线图法。

1）多年平均年径流深 $\overline{R}$ 的估算。闭合流域的多年平均径流量主要受降雨和蒸发的影响，降雨量和蒸发量具有地理分布规律，因此，多年平均径流量也具有地理分布规律，可绘制多年平均径流量的等值线图。我国各省（直辖市、自治区）编制的水文手册或水文图集都绘有本省（直辖市、自治区）的多年平均年径流深等值线图供查用。为了消除流域面积这一非分区性因素的影响，等值线图常用多年平均年径流深来绘制。

对于径流量来说，河流任一测流断面的径流量是由断面以上流域范围内的径流汇集而成的，用径流表示的径流量不是该断面处的数值，而是流域平均值。因此，在绘制多年平均年径流深等值线图时，不是将数值点绘在测流断面处，而是点绘在流域形心处。在应用等值线图来推求多年平均年径流深时，应先在等值线图上圈出设计断面以上的流域范围。如果流域面积不大，通过的等值线数目不多，可定出流域的形心，再用直线内插法求出形心处的多年平均年径流深 $\overline{R}$ 。如果流域面积较大，通过的等值线数目较多，可根据等值线将流域分成的各部分面积加权平均得到该流域的多年平均年径流深。多年平均年径流深等值线图一般是根据中等流域实测径流资料绘制而成，用于中等流域精度较高。但对于小流域，按等值线图查得的数值可能比实际情况偏大，必要时结合具体情况加以修正。

2）年径流变差系数 C_v 的估算。年径流量 C_v 值同多年平均年径流量一样，主要受气候因素的影响，因此也可以用等值线图来表示其在地区上的变化规律。绘制及查用方法与多年平均年径流深等值线图类似。

一般来说，大、中流域的年径流量 C_v 值较小流域的小，在利用等值线图来查用小流域时，一般读数较实际偏小，须结合具体情况加以修正。

3）年径流偏态系数 C_s 的估算。C_s 值可参考各地水文图集或水文手册中所提供的数据确定，在多数中、小流域无资料地区，一般采用 $C_s=2C_v$。

（2）水文比拟法。

水文比拟法认为气候和自然地理条件类似的流域，其径流情况也具有类似性，因此，可以考虑水文资料的移用。在选定合适的参证流域后，可根据实际情况进行直接移用或修正后移用。

2-11 水文比拟法

1）直接移用。如果参证流域和设计流域各项影响因素都很接近，则可直接将参证流域的径流资料及径流系列的 3 个统计参数直接移用到设计流域上来。

2）修正后移用。如果影响因素中个别因素有差异，则需修正后再移用。比如参证流域和设计流域面积相差较大，则考虑按面积比进行修正，即

$$\overline{R}_{年,设}=\frac{F_{设}}{F_{参}}\overline{R}_{年,参} \tag{2-13}$$

式中 $\overline{R}_{年,设}$，$\overline{R}_{年,参}$——设计流域、参证流域的多年平均年径流深；

$F_{设}$，$F_{参}$——设计流域、参证流域的面积。

如参证流域和设计流域雨量相差较大，则考虑按雨量比进行修正，即

$$\overline{R}_{年,设}=\frac{\overline{H}_{年,设}}{\overline{H}_{年,参}}\overline{R}_{年,参} \tag{2-14}$$

式中　$\overline{H}_{年,设}$，$\overline{H}_{年,参}$——设计流域、参证流域的多年平均年降雨量。

2. 设计年径流量的计算

确定出 3 个统计参数 $\overline{R}$、C_v、C_s 后，根据指定的设计频率，查表确定 Φ_p 或 K_p，按公式 $R_p=K_p\overline{R}=(\Phi_pC_v+1)\overline{R}$ 计算 R_p。

2-12

设计年径流的年内分配

（二）设计年径流的年内分配

对于缺乏实测径流资料地区，设计年径流的年内分配一般采用水文比拟法，即直接移用参证流域典型年的月径流分配比进行分配。各省（直辖市、自治区）水文手册配合参数等值线图，都按气候及自然地理条件给出了分区的典型年分配过程供查用。在降雨径流相关关系非常密切的地区（如广东省），在缺乏实测径流资料的情况下，也可采用典型年的降雨年内分配过程作为设计年径流的分配过程。选择典型年时，需先根据实测降雨资料进行频率计算，求出年降雨量的设计值，然后按照雨量相近和对工程不利的原则从实测降雨资料中选取典型年。具体计算时，分配比常采用降雨月分配占全年降雨百分比的形式。

项目三　设计洪水的计算

项目训练 3-1

某河乙站附近修建水电站，按设计要求需推求千年一遇（$P=0.1\%$）校核标准设计洪水。

一、洪水资料

（1）乙站实测洪峰流量资料（表 3-1）。

（2）洪水调查结果如下，历史洪水调查得 1912 年 $Q_m=1920m^3/s$；1946 年 $Q_m=1820m^3/s$；1953 年 $Q_m=1380m^3/s$。

（3）乙站最大 1d、3d、5d 洪水总量的频率计算成果列于表 3-2 中。

（4）典型洪水过程线的选择：

1）据 1959—1977 年实测的 19 年资料统计，洪水多发生于 5 月、6 月。各月发生最大洪峰的次数是：6 月发生的有 10 年；5 月发生的有 6 年；4 月发生的有 1 年；7 月发生的有 1 年；8 月发生的有 1 年。而较大的几年洪水如 1959 年、1966 年、1968 年、1971 年、1973 年、1974 年、1976 年都发生在 6 月，而且多为锋面雨造成，据此洪水发生的规律，典型洪水应选取 6 月的洪水。

2）就洪水过程线的形状特征来看，由于属山区性河流，洪水陡涨陡落，一次洪水涨落多在 24h 内，且多为单峰形。但因受连续降水的影响，3d 内的洪水过程在主峰前后也会出现小峰的洪水，如 1959 年、1964 年、1966 年、1974 年洪水属此类，据此，设计洪水过程最长时段为 5d。

3）从防洪的角度要求，选取较不利的洪水过程线，即主峰偏后的过程线。

4）综上所述，选取实测资料中峰量均居首位的 1974 年 6 月发生的洪水作为设计洪水的典型过程线（表 3-3）。

二、设计提示

（1）根据洪水资料，确定实测系列内、外特大洪水的个数（1953 年 $Q_m=1380m^3/s$ 可放在实测系列内）、次序及了解掌握的总年数 N。

（2）对特大洪水进行处理，计算 $\overline{Q}_m$、C_v。

（3）设 $C_s=3.5C_v$，$C_s=4C_v$，进行频率计算并适线推求设计洪峰流量。

（4）绘制典型洪水过程线于方格纸（厘米纸）上（根据表 3-3 所列成果），确定最大 1d、3d 洪量的位置，计算最大 1d、3d、5d 典型洪水的洪量。

（5）用同频率法推求设计洪水过程线（画在厘米纸上）。

（6）对按倍比系数放大的洪水过程线加以修均，并对设计洪量进行校核。

表 3-1　　乙站历史调查与实测洪峰流量表

年份	1912	1946	1953	1959	1960	1961	1962	1963
$Q_m/(m^3/s)$	1920	1820	1380	764	574	399	443	406
年份	1964	1965	1966	1967	1968	1969	1970	1971
$Q_m/(m^3/s)$	716	396	1030	556	939	494	444	1180
年份	1972	1973	1974	1975	1976	1977		
$Q_m/(m^3/s)$	367	1010	1400	772	1070	385		

表 3-2　　乙站最大 1d、3d、5d 洪水总量频率计算成果

项　目	1d	3d	5d
$\overline{W}_T$/亿 m^3	0.292	0.474	0.617
C_v	0.65	0.70	0.70
C_s	3.5 C_v	3.5 C_v	3.5C_v
$W_{0.1\%}$/亿 m^3	1.483	2.62	3.42

表 3-3　　乙站 1974 年 6 月 25—29 日洪水过程线

月.日.时	6.25.0	6.25.2	6.25.4	6.25.6	6.25.8	6.25.10	6.25.12	6.25.14
$Q/(m^3/s)$	80	74	68	67	130	477	477	412
月.日.时	6.25.16	6.25.18	6.25.20	6.25.22	6.26.0	6.26.2	6.26.4	6.26.6
$Q/(m^3/s)$	342	230	175	148	223	410	794	700
月.日.时	6.26.8	6.26.10	6.26.12	6.26.14	6.26.16	6.26.18	6.26.20	6.26.22
$Q/(m^3/s)$	740	1130	1400	1100	745	550	500	425
月.日.时	6.27.0	6.27.2	6.27.4	6.27.6	6.27.8	6.27.10	6.27.12	6.27.14
$Q/(m^3/s)$	355	314	300	278	252	252	413	521
月.日.时	6.27.16	6.27.18	6.27.20	6.27.22	6.28.0	6.28.2	6.28.4	6.28.6
$Q/(m^3/s)$	395	305	255	238	220	203	194	184
月.日.时	6.28.8	6.28.10	6.28.12	6.28.14	6.28.16	6.28.18	6.28.20	6.28.22
$Q/(m^3/s)$	170	168	162	171	192	185	162	152
月.日.时	6.29.0	6.29.2	6.29.4	6.29.6	6.29.8	6.29.10	6.29.12	6.29.14
$Q/(m^3/s)$	145	141	140	138	132	128	125	120
月.日.时	6.29.16	6.29.18	6.29.20	6.29.22	6.30.0			
$Q/(m^3/s)$	118	115	112	108	104			

项目训练 3-2

一、资料

（1）某河某站流域面积 F=6640km^2。

（2）某站 1977 年 5 月 22—24 日实测降雨量见表 3-4。

表 3-4　　某站 1977 年 5 月 22—24 日实测降雨量

时间	22 日 14—20 时	22 日 20 时至 23 日 8 时	23 日 8—20 时	23 日 20 时至 24 日 8 时	24 日 8—14 时
时段雨量/mm	15.6	19.4	42.7	33.5	2

（3）1977 年 5 月 22—24 日降雨量相应的实测洪水过程见表 3-5。

表 3-5　　1977 年 5 月 22—24 日降雨量相应的实测洪水过程

月.日.时	流量 /(m^3/s)	基流 /(m^3/s)	地表径流 /(m^3/s)	月.日.时	流量 /(m^3/s)	基流 /(m^3/s)	地表径流 /(m^3/s)
5.23.2	80			5.26.2	579	144	
5.23.8	58	58		5.26.8	462	151	
5.23.14	407	66		5.26.14	363	159	
5.23.20	1350	74		5.26.20	298	167	
5.24.2	1970	82		5.27.2	259	175	
5.24.8	2590	89		5.27.8	235	182	
5.24.14	2530	97		5.27.14	219	190	
5.24.20	2210	105		5.27.20	208	198	
5.25.2	1710	113		5.28.2	205	205	
5.25.8	1290	120		5.28.8	202	202	
5.25.14	977	128		5.28.14	200	200	
5.25.20	765	136		5.28.20	250		

（4）单位线分析采用的平均入渗率及设计情况下的平均入渗率，经分析均确定为 $\overline{f}=1$mm/h。

（5）经分析计算，该流域 $P=1\%$ 设计暴雨 $H_{1d}=146$mm，$H_{3d}=212$mm。该地区暴雨雨型日程分配见表 3-6。

表 3-6　　该地区暴雨雨型日程分配表

参　数	第一天	第二天	第三天
占 H_{1d} 百分比		100	
占（$H_{3d}-H_{1d}$）百分比	60		40
设计暴雨量/mm			
损失量/mm			
设计净雨量			

（6）设计洪水的基流按 $Q_{基}=100m^3/s$ 计算。

二、要求

推求 $P=1\%$ 设计洪水过程线。

三、提示

（1）采用经验单位线法计算。

（2）单位线分析注意暴雨分析时段为12h，给定的典型洪水过程线摘录时段是6h。

（3）设计暴雨时段是24h，故需求24h单位线，单位线转换（12h转换为24h）不需用S曲线转换。

（4）单位线和设计洪水过程线均需绘成图（用厘米纸）。

知识链接3

一、由流量资料推求设计洪水

（一）概述

3-1

洪水与设计洪水

1. 洪水

流域内暴雨（或融雪）所形成的大量地面径流，迅速汇入河流，使河流水位猛涨，流量激增，这便形成洪水。当河槽里的洪水流量超过河槽宣泄能力时就会泛滥成灾，给人们的生命财产和国民经济造成损失。洪水无情人有情，大灾面前显大爱。党的二十大报告指出，“必须坚持人民至上”。水文人作为防洪抢险的尖兵，闻汛而动，逆风雨而行，不畏艰险，走在防洪的最前线，精准测报，为汛情画像，为防汛决策提供科学依据。作为汛情吹哨人，在波涛中坚守，默默守卫一方安澜。河流每发生一次洪水，在水文站测流断面就可测量到流量的变化，根据不同时刻的洪水流量可绘出一条相应的洪水过程线。一次洪水的特性可用洪水三要素描述。

（1）洪水过程线。洪水流量随时间的变化过程。一般洪水过程线涨水段陡峻，是河槽容蓄阶段；退水段稍平缓，是河槽排水阶段。

（2）洪峰流量Q_m。洪水过程中的最大瞬时流量。中、小流域的洪水过程具有陡涨陡落的特点，洪峰流量与相应的最大日平均流量相差较大。

（3）洪水总量W_T。一次洪水T时段内通过河流某断面的总水量。从起涨点到Q_m出现的时间，称为涨洪历时；Q_m到落平点的时间为退水历时。

洪峰流量、洪水总量和洪水过程线是表示洪水特性的3个基本水文变量，称为洪水三要素，简称“峰、量、型”。

2. 设计洪水

在规划设计各种水利工程措施时，首先应保证工程建成以后，当发生某一标准洪水时，工程建筑物本身不致被洪水损坏。另外，要求通过水利工程措施，减轻或根除下游洪水灾害，起到变水害为水利的作用。为此，要求事先预估工程建成后的整个运用期间可能遇到的洪水，作为工程设计的依据，以便按此来对水工建筑物或防洪地区进行防洪安全设计。对工程来讲，若该洪水定得太大，建筑物本身虽安全，但由于工程规模大，投资过多而不经济；若该洪水选小了，虽可节省投资，但不安全，有可能造成比天然洪水更大的人为洪水灾害。因此，需要研究一种具有特殊含义的洪水，使其既能综合考虑洪水特性与工程安全，又能符合技术经济政策，以便用这种洪水作为工程规划设计的依据，这就必须研究设计洪水。根据工程任务、工程规模拟定一种符合某一设计防洪标准的洪水，作为规划设计水利工程的依据。这种具有设计防洪标准的洪水称为设计洪水。

设计洪水的计算包括设计洪峰流量、不同时段设计洪量和设计洪水过程线等三要素的推求。是否需计算全部要素，应根据工程特点和设计要求而定。拟订设计洪水均包含两方面内容：一是采用怎样的设计标准；二是用什么方法推求与设计标准相符的洪水三要素。确定设计洪水通常是先确定设计工程的等级及建筑物的级别，再按设计洪水规范选用相应的设计标准，最后推求指定设计标准即设计频率的洪峰流量、不同时段洪水总量及洪水过程线。

3. 设计标准

我国目前使用的设计标准是水利部水利水电规划设计总院主持，以水利部水利水电规划设计总院和长江勘测规划设计研究有限责任公司为主编单位修订的《水利水电工程等级划分及洪水标准》(SL 252—2017)。根据此标准，确定工程等级及建筑物级别，水利水电工程分等指标见表 3-7，永久性水工建筑物级别见表 3-8。为确保大坝等水工建筑物的安全，防洪标准又可分为正常运用设计标准和非正常运用的校核标准两级。设计标准是指当发生不大于该标准的洪水时，应保证防护对象的安全或防洪设施的正常运行。当出现超过设计标准的洪水时，水工建筑物正常工作受阻，但水利工程仍不允许破坏，主要建筑物仍应是安全的，仅允许一些次要建筑物损毁或失效，工程处于非正常运用状态，其洪水标准成为校核标准。山区、丘陵区水利水电工程永久性水工建筑物洪水标准见表 3-9。

3-2 设计标准

表 3-7　　水利水电工程分等指标

工程等别	工程规模	水库总库容/亿 m^3	防洪		治涝	灌溉	供水	发电
			保护城镇及工矿企业的重要性	保护农田/万亩	治涝面积/万亩	灌溉面积/万亩	供水对象重要性	装机容量/万 kW
Ⅰ	大（1）型	≥10	特别重要	≥500	≥200	≥150	特别重要	≥120
Ⅱ	大（2）型	10～1.0	重要	500～100	200～60	150～50	重要	120～30
Ⅲ	中型	1.0～0.10	中等	100～30	60～15	50～5	中等	30～5
Ⅳ	小（1）型	0.10～0.01	一般	30～5	15～3	5～0.5	一般	5～1
Ⅴ	小（2）型	0.01～0.001		<5	<3	<0.5		<1

注 1. 水库总库容指水库最高水位以下的静库容。
2. 治涝面积和灌溉面积均指设计面积。

表 3-8　　永久性水工建筑物级别

工程等别	主要建筑物	次要建筑物	工程等别	主要建筑物	次要建筑物
Ⅰ	1	3	Ⅳ	4	5
Ⅱ	2	3	Ⅴ	5	5
Ⅲ	3	4			

表 3-9　　山区、丘陵区水利水电工程永久性水工建筑物洪水标准

项目		水工建筑物级别				
		1	2	3	4	5
设计［重现期（年）］		1000～500	500～100	100～50	50～30	30～20
校核［重现期（年）］	土石坝	可能最大洪水(PMF)或10000～5000	5000～2000	2000～1000	1000～300	300～200
	混凝土坝、浆砌石坝	5000～2000	2000～1000	1000～500	500～200	200～100

4. 风险率

指定频率的设计洪水作为工程防洪设计的依据是要承担一定风险的，常用风险率（又称破坏率）来表示。例如，以 $P=1\%$ 的设计洪水来说，工程平均每年都有 1%的可能性会遇到超过标准的洪水。也就是说，平均每年都有 1%的可能性会使工程遭受破坏，或工程每年承受超过设计值的风险率是 1%。

对于工程的风险率，可通过以下简单分析来加以说明。若某工程的设计频率为 P（%），该工程若有效地工作 C 年（工程寿命），根据概率论的推导，则在工程建成后一年，其被破坏的可能性为 P（%），不遭破坏的可能性为 $(1-P)$，第二年继续不遭破坏的可能性由概率相乘定律应为 $(1-P)(1-P)=(1-P)^2$，以此类推，在 C 年内不遭破坏的可能性为 $(1-P)^C$。那么在 C 年内遭受破坏的可能性，即是该工程应承担的风险率为 R（%），可通过式（3-1）计算，即

$$R=1-(1-P)^C \tag{3-1}$$

式中　R——在工作寿命内的风险率（破坏率），%；

　　　P——设计频率，%。

例如，某工程的设计频率 $P=1\%$，有效使用年限 $C=100$ 年，根据式（3-1）计算，其遭受破坏的概率 $R=1-(1-1\%)^{100}=63.4\%$。此例说明这种破坏率较大，表示工程要承担遭受破坏的风险率并不小。那种认为设计标准选定百年一遇或千年一遇的洪水，汛期就可以高枕无忧、平安度汛的观点是没有根据的。

3-3

设计洪水的计算方法

5. 设计洪水的计算方法

我国计算设计洪水的方法，根据不同资料条件和设计要求，可大致分为以下几种类型：

（1）由流量资料推求设计洪水。

当设计断面上、下游附近具有长期实测洪水资料，并通过历史洪水调查考证，可采用加入历史特大洪水的频率分析方法，计算设计洪峰流量，各时段设计洪量，然后按典型缩放法进一步求得设计洪水过程线。

（2）由暴雨资料推求设计洪水。

当工程所在流域及邻近地区有较长实测暴雨资料，并具有实测暴雨洪水的相应观测资料，可根据暴雨资料通过产流、汇流分析计算推求设计洪水。

（3）利用暴雨等值线图和简化公式推求设计洪水。

若工程所在流域缺乏实测暴雨洪水资料时，通常是利用暴雨等值线图和简化公式推求设计洪水。在各省（直辖市、自治区）编印的《水文手册》《水文图集》或《雨洪图册》中均有刊载，可供中、小流域无资料地区使用。

（4）水文气象法推求设计洪水。

当工程流域及邻近地区，具有水文气象观测资料，可用水文气象法分析研究洪水形成规律，从物理成因入手推求可能最大暴雨及可能最大洪水，作为某些水利枢纽安全保坝的校核洪水。目前这种方法尚不成熟，但从发展方向看是一种值得研究的计算途径。

无论采用何种方法计算设计洪水，都要在工程所在地区进行历史洪水调查，其成

果可用来参加计算或作为分析论证的依据。所以，在《水电工程设计洪水计算规范》（NB/T 35046—2014）中明确指出："多种方法、综合分析、合理选用"是设计洪水计算应遵循的基本原则。

（二）设计洪峰与设计洪量的计算

根据流量资料推求设计洪峰与设计洪量采用频率计算法，与根据年径流资料推求设计年径流量的计算方法基本相同。

1. 洪水资料的审查

3-4

洪水资料的审查与选择

洪水资料是频率计算的基础，是决定成果精度的关键，只有掌握充分资料，重视调查研究，进行去伪存真的分析审查，才能使计算资料具有可靠性、一致性和代表性。

（1）可靠性审查。

实测洪水资料的精度应符合水文测验相关规范的要求。审查重点是特大和特小年份洪水资料及历史洪水调查资料，因为这些数据对频率计算影响较大。要特别注意审查特大洪水的观测、整编是否正确，水位流量关系曲线高水位外延是否恰当，历史洪水推流中糙率选用是否合理，流量数值和重现期的确定是否正确等。可靠性审查方法除利用本站资料综合分析外，还可应用上下游、干支游资料对比分析，水量平衡，水位流量关系综合检查及暴雨洪水资料对照检查等方法。

（2）一致性审查。

应用数理统计法计算的前提，要求资料具有一致性。一致性审查要求各样本洪水的形成条件具有相同的基础。即要求在观测资料期间，流域的气候及下垫面条件应是相对稳定的。当流域的产流、汇流条件发生了较大的改变，如流域内修建较大水库、灌溉引水、天然溃堤或人工分流、森林砍伐等人类活动时，便破坏了洪水形成的基础，致使资料的形成不一致。应用不一致的资料必须加以修正或进行还原计算，使洪水资料系列具有相同基础，保证资料的一致性。

（3）代表性审查。

由于洪水的变化较年径流更为剧烈，所以在一般情况下，相同样本容量的洪水系列其代表性低于年径流系列。一般认为洪水系列要包括丰水年、平水年和枯水年样本，以便能用短期样本系列的分布规律来代替总体分布规律，使频率计算成果抽样误差较小。这样的样本系列就具有较好的代表性。一般地说，洪水系列尽量长一些，代表性可能好一些。调查历史洪水和插补延长系列，是增加代表性的重要措施。将设计断面资料与邻近流域长期资料进行比较，可以分析判断系列的代表性。

2. 洪水资料的选择

洪水频率计算是把每年的洪水过程作为一次随机事件。选择样本是指从每年的全部洪水过程中，选取哪些特征值来组成频率计算的样本系列作为分析研究的对象，以及如何在持续的洪水过程线中选取这些特征值。水工建筑物的洪水计算，应满足独立随机取样的原则。洪峰流量的选样采用年最大值法选择。即每年只选取最大的一个瞬时洪峰流量，若有 n 年资料，就可选得 n 个最大洪峰流量，组成洪峰流量的样本系列。洪量的选样采用固定时段独立选样的年最大值法。首先得确定统计时段，习惯上常选取的统计时段长度为1d、3d、5d、7d、10d、15d等。就具体的工程而言，可根据洪水特性和工程设计要求，选定在3个左右计算时段。若遇连续多峰型河流，水库调洪历时较长或下游有防洪错峰要求时，可根据具体情况多选择几个时段。计算时段应包括调洪控制时段和洪水总历时。

3. 洪水特大值处理

3-5 特大洪水

(1) 洪水计算中加入特大洪水的意义。

对于特大洪水目前还没有一个明确的定值标准，通常是指比样本系列中的一般洪水大得多的稀遇洪水，它可以出现在实测资料系列中，也可以是经调查考证的历史特大洪水。目前，我国河流的实测流量资料系列一般都不长，用相关分析法插补延长洪水资料系列，又往往因参证资料较少，相关关系较差而感到困难，并且即使延长也有极限。若根据这种短期资料来推算百年一遇洪水，难免有较大的抽样误差。为了扩大样本容量，通常实地调查和文献考证，常可获得一些历史上曾发生过的特大洪水资料。水利工程设计的实践证明，如能很好地应用历史洪水资料，并合理地处理这些调查考证的以及发生在实测资料中的特大洪水，就相当于将洪水样本由实测年限 n 延长到调查考证年限 N，从而增加了样本的代表性，使得设计成果质量明显提高。

3-6 经验频率的计算

(2) 经验频率的计算。

特大洪水和一般实测洪水加在一起，组成一个洪水系列，如何利用这样的系列作频率计算，关键是如何对特大洪水进行处理。在频率计算中不能把这种特大值与其他的一般数值等同对待，而需要加以适当的处理或调整。

1）连序系列和不连序系列。对于 n 年实测（包括插补）洪水系列，若没有历史洪水加入，也没有实测特大洪水需要提出来另行处理，那么无论资料的年份是否连续，而就 n 个实测洪水的数值直接由大到小的顺序统一排位，则顺序号是连贯的，中间没有空位，这样的系列称为连序系列。当特大洪水和实测的一般洪水加在一起组成一个系列时，样本容量根据特大洪水调查考证的年限增长为 N，在 $N-n$ 年内各年洪水数值无法一一查得。因此，若各年洪水值在 N 年中按从大到小顺序排位，则其排位序号是不连贯的，其中有一部分属于缺漏项位，这样的序列称为不连序系列。年径流系列是连序样本，而加入特大洪水的洪水系列是不连序样本。这里所说的“连序”不同于“连续”的概念。连续是指时间上连贯不断，连序则指排列的序位连贯。现行频率计算采用的是简单样本，并不要求组成系列的各项在时间上连续。

2）经验频率的确定。

a. 独立取样、分别排位。若将实测 n 个一般洪水样本与 a 个特大洪水样本，看作是分别从整体中独立抽取的连序随机样本，则各项洪水分别在各自的系列中排位，分别计算经验频率。其中 a 个特大洪水的经验频率按式（3-2）计算，即

$$P_M=\frac{M}{N+1}\times 100\% \tag{3-2}$$

式中　P_M——特大洪水第 M 项的经验频率，%；

M——特大洪水的序号，$M=1,\ 2,\ \cdots,\ a$；

N——特大洪水首项的重现期，即为调查最远的年份迄今的年数。

n 个一般洪水的经验频率按式（3-3）计算，即

$$P_m=\frac{m}{n+1}\times 100\% \tag{3-3}$$

式中 P_m——实测洪水第 m 项的经验频率，%；

m——实测洪水的序位，$m=1, 2, 3, \cdots, n$；

n——实测洪水的项数。

b. 统一抽样、统一排位。将实测系列与特大洪水系列视为共同组成的一个不连序系列，作为代表总体的样本，各项洪水均在 N 年中统一排位。假设在调查期 N 年中有 a 项特大洪水，其中有 l 项发生在 n 年实测系列内，这 a 个特大洪水的排位在 N 年中居前 a 项，经验频率仍按式（3-2）计算。实测系列中尚余 $n-l$ 项，它们是在总体中小于特大洪水的最末一项的条件下获得的，其经验频率的估算公式为

$$P_m=\left[\frac{a}{N+1}+\left(1-\frac{a}{N+1}\right)\frac{m-l}{n-l+1}\right]\times 100\% \tag{3-4}$$

式中 a——N 年中特大洪水个数；

l——实测系列中抽出作特大洪水处理的洪水个数；

P_m——实测系列第 m 项的经验频率。

上述两种估算方法目前都在使用。第一种方法适用于实测系列代表性较好，而历史洪水排位可能有错漏的情况；第二种方法适用于在调查考证期 N 年内的数项历史洪水确系连序而无错漏的情况。在设计洪水计算中，由于第一种方法比较简单，常被采用。

（3）统计参数的初估。

加入特大洪水的不连序系列的统计参数计算方法有矩法、三点法等。下面介绍矩法计算均值 $\overline{x}$、变差系数 C_v 等两个统计参数的处理方法。设调查考证期 N 年内共有 a 个特大洪水，其中 l 个发生在实测期 n 年内。假定除去特大洪水后的 $N-a$ 年系列，其均值和均方差与 $n-l$ 年系列的均值和均方差相等（即 $\overline{x}_{N-a}=\overline{x}_{n-l}$，$\sigma_{N-a}=\sigma_{n-l}$），于是经过数学推导，求得不连序系列的矩法公式为

$$\overline{x}=\frac{1}{N}\left(\sum_{j=1}^{a}x_j+\frac{N-a}{n-l}\sum_{i=l+1}^{n}x_i\right) \tag{3-5}$$

$$\begin{aligned} C_v&=\frac{1}{\overline{x}}\sqrt{\frac{1}{N-1}\left[\sum_{j=1}^{a}(x_j-\overline{x})^2+\frac{N-a}{n-l}\sum_{i=l+1}^{n}(x_i-\overline{x})^2\right]}\\ &=\sqrt{\frac{1}{N-1}\left[\sum_{j=1}^{a}(K_j-1)^2+\frac{N-a}{n-l}\sum_{i=l+1}^{n}(K_i-1)^2\right]} \end{aligned} \tag{3-6}$$

式中 x_j——特大洪水的洪峰流量或洪量（$j=1, 2, 3, \cdots, a$）；

x_i——一般洪水的洪峰流量或洪量（$i=l+1, l+2, l+3, \cdots, n$）；

a——特大洪水个数；

l——实测系列中特大洪水项数；

K_j, K_i——洪水变率，$K_j=\frac{x_j}{\overline{x}}$，$K_i=\frac{x_i}{\overline{x}}$。

由于矩法计算偏态系数 C_s 偏小较多，抽样误差较大，一般不直接计算 C_s 值，而

是参照相似流域分析成果，选定一个 C_s 与 C_v 的比值，用适线法确定。我国多数地区的 C_s/C_v 为 2～4，当 $C_v<0.5$ 时，可试用 $C_s/C_v=3\sim4$；当 $0.5\leqslant C_v\leqslant1.0$ 时，可试用 $C_s/C_v=2.5\sim3.5$；$C_v>1.0$ 的地区，可试用 $C_s/C_v=2\sim3$。

4. 频率计算的适线准则

洪水频率计算中，无论采用何种方法计算统计参数，最后仍以经验点据与理论频率曲线配合最佳为准，以确定所求的统计参数。由所采用的频率曲线相应的统计参数，推求设计洪峰或各种指定时段的设计洪量。在适线时应尽量按下述准则要求进行：

(1) 适线时应有全局观念。尽量照顾点群分布趋势，并使频率曲线各段上下方的经验点据的数目及离差约略相等。

(2) 适线时，如果经验点据与曲线线型不能全面拟合，应着重配合曲线中上部且精度较高的点据，而对下部点据的配合可以放宽要求。

(3) 对调查的洪水资料应持慎重的态度，年代越久远的历史洪水对适线影响越大，但其流量数值或经验频率的误差也越大。因此，对各次历史洪水特征数值的精度应注意分析评定，以便区别对待，使曲线尽量靠近精度较高的洪水点据。

(4) 适线时，除应力求与经验点据拟合外，还应考虑不同历时洪水特征值统计参数的变化趋势，以及各种洪水特征的统计参数在地区上的变化规律。

5. 洪峰、洪量频率计算成果的合理性分析

洪水各种不同特征值（洪峰、不同时段洪量）系列参数（或设计值）之间存在着一定关系，而且同一特征值系列的参数（或设计值）在上、下游站及地区之间还具有一定的地理分布规律。成果的合理性分析就是利用这些参数之间的相互关系和地理分布规律对各单站单一项目的频率计算成果进行对比分析，以发现错误和减少因资料系列过短带来的误差。成果的合理性分析也是扩大信息和综合信息、提高成果可靠性的一个重要环节。常用的分析方法有以下几种：

(1) 本站各种分析成果之间的对比。

各种历时洪量的分布参数：均值 $\overline{W}_T$ 、C_v、C_s 和设计值，应与历时 T 之间存在某种关系。随着时段的增长，洪量的均值和设计值逐渐加大。洪量的 C_v 值一般随着时段的增长而减少，但连续暴雨所形成的多峰型洪水，各时段洪量的 C_v 值会随历时增长反而增大，至某历时达到最大值后又逐渐减少。洪量的偏态系数 C_s 的规律不明显。

(2) 与上、下游及邻近地区河流的分析成果比较。

在同一河流上，当上、下游的气候、地形等条件相似时，洪峰流量及洪量的均值，应自上游向下游递增，C_v 值自上游向下游稍有减少。用相邻地区的成果作比较时，一般是将本站计算成果换算成径流模数或径流深，分析其成果是否符合地区上的变化规律。

(3) 与暴雨频率分析计算成果比较。

暴雨与洪水有密切关系，因此，暴雨统计参数与相应洪量的统计参数有一定的关系。一般情况下，洪量的 C_v 值大于相应暴雨量的 C_v 值，洪水径流深则因水量损失的原因，应小于相应历时的暴雨深。

通过上述各种方法的分析论证，如发现不合理现象，应查明原因，对原设计成果加以必要的修正。但上述分析方法，仅依水文现象某些不甚严密的规律性，所以分析时务必谨慎，不可生搬硬套、主观臆断。

（三）设计洪水过程线的推求

设计洪水过程线是指具有某一设计标准（设计频率）的洪水过程线。推求洪水过程线的目的，是对设计条件下可能出现洪水流量随时间的变化过程进行概括预估，并以此进行防洪调节计算，确定泄洪建筑物的规模和尺寸，以及对已建水库进行安全校核等。洪水过程极为复杂，目前水文学中还无法对整个随机过程进行频率计算来推求指定频率的洪水过程线。为了适应工程设计的要求，一般是选择某些典型的洪水过程线作为模型加以放大，使得放大后过程线的洪峰流量、时段洪量等特征值等于相应的设计值，则可认为该过程线就是设计洪水过程线。

1. 典型洪水过程线的选择

典型洪水过程线是拟定设计洪水过程线的基础，是设计情况下概括预估的模型，它应能代表设计流域洪水的一般特征及稀遇洪水的特性。选择典型洪水过程的原则如下：

(1) 典型洪水过程应具有一定的代表性，即它发生的季节、峰型特征、洪水历时、洪量关系等能反映本流域大洪水的一般特性。

(2) 应选择对工程安全较为不利的典型。从防洪后果考虑，一般峰型比较集中，且主峰出现时间偏后的洪水过程对工程较为不利。

有时按上述原则可选出几条典型洪水过程线，难以决定取舍，则可分别放大，求得几条设计洪水过程线，供防洪调节计算时选用。

2. 典型洪水过程线的放大

(1) 同倍比放大法。

将典型洪水过程线上各个时刻的流量都按同一个倍比值 K 进行放大，求得设计洪水过程线，这种放大方法就称为同倍比放大法。设计洪水流量 $Q_{\rm p}$ 与相应时刻典型洪水流量 $Q_{典}$ 的关系可用式（3－7）表达，即

$$Q_{\rm p}-t=K(Q_{典}-t) \tag{3-7}$$

式（3－7）中，放大系数 K 的推求有两种情况：

1) 以峰控制放大。当水库的调洪库容较小，洪峰流量对防洪安全起控制作用时，放大系数按设计洪峰流量 $Q_{\rm mp}$ 与典型洪峰流量 $Q_{\rm m典}$ 的比值 K_Q 求得，即

$$K=K_Q=\frac{Q_{\rm mp}}{Q_{\rm m典}} \tag{3-8}$$

2) 以量控制放大。当水库的调洪库容较大，泄量也较大，洪量对防洪安全起主要作用时，放大系数按控制时段 t 的设计洪量 $W_{t\rm p}$ 与同时段典型洪水总量 $W_{t典}$ 的比值 K_W 求得，即

$$K=K_W=\frac{W_{t\rm p}}{W_{t典}} \tag{3-9}$$

根据工程要求，求出放大系数 K_Q（或 K_W）后，乘以典型洪水各时刻流量就可以得出设计洪水过程线。同倍比放大法简单方便，多用于峰、量关系较好的河流以及防洪效果主要由洪峰或一定时段洪量起控制作用的工程，一般中、小工程多用此法。此法的不足之处在于，虽然放大出来的设计洪水过程线与典型洪水过程线相似，但求得的洪水过程线往往是设计洪峰流量符合了设计标准，而设计洪量就不一定符合设计标准；或者是某一时段的洪量符合了设计标准，而其余各时段的洪量和洪峰流量则不一定符合设计标准。

(2) 同频率放大法。

将典型洪水过程线的峰和量，按几个不同的放大倍比值放大，使放大后的设计洪水过程线的洪峰流量和各时段的洪量分别等于设计洪峰流量和设计洪量，这种使求得的设计洪水过程线峰、量都能符合同一个设计频率的放大方法就称为同频率放大法。若选定时段为1d、3d、7d，那么放大系数分别由下列公式计算。

洪峰放大系数为

$$K_Q=\frac{Q_{mp}}{Q_{m典}} \tag{3-10}$$

各时段洪量放大系数为

$$K_1=\frac{W_{1p}}{W_{1典}} \quad [放大最大 1d 内各时刻流量] \tag{3-11}$$

$$K_{3-1}=\frac{W_{3p}-W_{1p}}{W_{3典}-W_{1典}} \quad [放大最大 3—1d 时段内各时刻流量]$$

$$K_{7-3}=\frac{W_{7p}-W_{3p}}{W_{7典}-W_{3典}} \quad [放大最大 7—3d 时段内各时刻流量]$$

式中 W_{tp}——各时段设计洪水洪量（t =1d、3d、7d）；

$W_{t典}$——各时段典型洪水洪量（t =1d、3d、7d）。

由以上公式可见，要确定各种放大系数，除首先要根据峰、量频率计算求出设计洪峰流量和不同时段的设计洪量外，还需要根据选定的典型洪水过程线，摘取典型洪峰流量 $Q_{m典}$ 及计算最大 1d、3d、7d 的典型洪量 $W_{1典}$、$W_{3典}$、$W_{7典}$。计算典型洪水洪量时，是以长时段包括短时段的方式进行的，即短时段的洪量是在长时段洪量的范围内统计的。例如，典型洪水过程线的洪峰是在最大 1d 洪量的时间内找出，最大 1d 洪量是在最大 3d 洪量的时间内找出。这是为了使所求的设计洪水过程线峰高量大，而且计算方便。

求得以上各种 K 值后，将典型洪水过程线上各流量，可从短时段到长时段顺次按相应放大系数进行放大。即先按 K_Q 放大洪峰流量，再按 K_1 放大最大 1d 洪量中除洪峰流量外的其余各时刻流量。最大 3d 洪量中因包含的最大 1d 洪量，已经按 K_1 放大了，因此最大 3d 内的其余 2d 按 K_{3-1} 放大。同理，最大 7d 洪量中的其余 4d 按 K_{7-3} 放大，于是就可得到分段放大后的洪水过程线。

由于各时段放大系数不同，故放大后时段交界处的流量会出现突变现象，使得过程线呈不连续状态，这是不合理的。因此，需要徒手修匀，使过程线成为光滑曲线，但修匀后必须保持设计洪峰和各时段设计洪量不变。修匀后的过程线就是设计洪水过程线。

同频率放大法的优点是使所求设计洪水过程线的洪峰流量和不同时段洪量都能符合设计频率，但放大出来的过程线有可能与原来典型过程线相差较远。为改善这种情况，所取的时段数目不宜过多，一般以 2～3 个时段为宜。例如，除洪峰和洪水过程最长时段外，再另取一种（或两种）控制时段（即对调洪计算起直接控制作用的时段），并依次按洪峰、控制时段、最长时段进行放大。同频率放大法较能适应多种防洪工程的特性，如峰、量同时对水工建筑物防洪起决定作用的工程。目前，大、中型水库规划设计中主要采用这种方法推求设计洪水过程线。

二、由暴雨资料推求设计洪水

（一）概述

3-7 概述

我国大部分地区的洪水由暴雨形成。当设计流域上实测流量资料不够充分时，常以降雨径流的形成原理为基础，通过暴雨分析和计算来推求设计洪水。即使有充分实测流量资料，也常用此法来推求设计洪水，以校核由流量资料推算的设计洪水成果。由暴雨资料推求设计洪水，通常假定暴雨和洪水同频率。由流域暴雨形成流域出口的洪水径流是一个复杂的物理过程，为使计算简便，大体上分为两个过程：一是降雨扣除截留、填洼、下渗、蒸发等损失，剩下的部分称为净雨，我国又称净雨量为产流量，暴雨转化为净雨的过程称为产流过程；二是净雨沿着地面途径和地下途径汇入河网，然后经河网汇流形成出口断面洪水径流过程，这个过程称为流域汇流过程，关于净雨转化为出口洪水径流过程的计算，称为流域汇流分析计算。由暴雨资料推求设计洪水的主要内容如下。

1. 推求设计暴雨

设计暴雨是指符合某一设计频率的暴雨量及其时程分配。可根据实测暴雨资料，包括补插和调查资料，采用数理统计法求得。

2. 推求设计净雨

首先利用流域暴雨洪水资料，分析产流规律，建立产流方案，然后由设计暴雨过程，利用产流方案进行产流计算，推求设计净雨过程。

3. 推求设计洪水过程线

根据实测暴雨洪水资料，建立汇流模型，利用汇流模型进行汇流计算，由设计净雨的汇流模型推求设计洪水过程线。

（二）设计暴雨的推求

3-8 设计暴雨的推求

暴雨是许多气象因素综合作用的结果，它一方面受大气环流形成和天气系统的影响，另一方面又受地形地理因素的影响。设计暴雨的分析内容，一般包括设计暴雨量的频率计算和暴雨时程分配。由设计暴雨推求设计洪水时需要的是流域的面设计暴雨量，面设计暴雨量可根据流域内实测平均雨量直接进行频率分析求得。当流域内站点较少，难以计算流域平均雨量时，可根据流域内单个雨量站资料进行频率计算推求设计点雨量，再根据流域点面关系间接推求设计暴雨量。一般来说，前者精度较高，后者精度略差。

1. 雨量资料充足时设计暴雨的计算

当设计流域内雨量站较多，分布比较均匀，各站又有较长的同期资料且包括有特大暴雨，可按下述方法求设计暴雨：

（1）设计面暴雨量计算。

各时段设计面暴雨量的计算可分为两步。第一步，计算各年不同时段的最大面雨量（流域平均降雨量）。暴雨量的选样方法采用固定时段独立选样的年最大值法。选择样本时，以流域内较多测站年最大值发生日期为线索，从年内较大几次面雨量中挑选年最大值。第二步，对年最大值进行频率计算。对不同时段的年最大暴雨量进行频率计算，求出不同时段设计频率的设计暴雨量。

关于暴雨历时，应根据工程大小、重要性和降雨规律确定。流域面积大小不同，则汇流历时长短不一。设计暴雨历时的确定，应考虑汇流时间的长短，中、小型水库的设计历时可取短些，一般取 24h、3d、5d，大中型水库一般取 7d、15d，甚至更长。24h、3d 暴雨是指该年雨量资料中连续 24h、3d 的最大值，是按设计历时在一年内资料选取，年最大 3d 雨量不一定包括 24h 最大值，年最大 7d 雨量不一定包括 3d 的最大值。

频率计算时，应考虑特大暴雨资料。如果本流域无实测特大暴雨资料应该进行暴雨调查。面设计暴雨量可根据实测暴雨系列或经过延长后的暴雨系列进行频率计算求得。设计面暴雨量的频率计算成果，可从以下几个方面进行合理性检查：

1）各种历时暴雨量的频率曲线，在综合图上不应出现相交现象。长历时暴雨频率曲线在下面。

2）暴雨的变差系数 C_v 值原则上随着历时增加而逐渐减少，若遇到特殊情况要进行分析。

3）各种历时暴雨的 C_s/C_v 值应基本一致。

4）各种频率下暴雨量的计算数据，应与邻近地区已出现的特大暴雨记录进行比较，以检查设计数据是否安全、可靠。

（2）设计暴雨量的时程分配。

3-9

设计暴雨量的时程分配

暴雨总量相同而在时间上分配不同时，形成洪水过程也不同。因此，在求得设计暴雨量后，还需要确定暴雨量在时间上的分配过程，简称时程分配。

设计面暴雨量的时程分配，采用典型过程缩放的方法。典型过程应从历年各次面暴雨系列中选取出，受资料限制时，也可以从几个单站的资料中选取。选取的原则：首先应考虑所选的典型过程能反映设计地区的暴雨特性，如主峰出现在什么位置、是单峰还是多峰等。其次，要选择对工程不利的雨型。一般选取主雨峰出现在设计时段的后期。当上述两者有矛盾时，原则上以前者作依据，但应尽量做到综合考虑。在上述原则指导下，可从实测暴雨资料中，选取某一次大暴雨，也可采用同类型若干次大暴雨综合概化的成果，作为典型暴雨过程。

按典型暴雨过程进行缩放时，须将暴雨过程划分为若干时段。形成洪峰流量的雨量的历时作为一个控制时段，其余时段可划分得粗一些。目前多采用同频率放大法。

2. 雨量资料短缺时设计暴雨计算

当设计流域雨量站过少，或虽有一定数量雨量站，但各站资料不同步。设计面暴雨量就只能用间接方法来推求，即先求出流域中心处的设计点暴雨量，然后通过暴雨的点面关系，将设计点暴雨量转换成设计面暴雨量。

（1）设计点暴雨量的计算。

点暴雨是指流域内某一固定点的暴雨量。这个固定点的位置一般选择在流域中心或其附近。据其雨量资料直接选取各种时段的年最大值，组成各个时段样本系列，分别进行频率计算，求得不同时段的设计点暴雨量。

（2）由暴雨点面关系推求设计面暴雨量。

暴雨的点面关系是流域中心或流域内某一特定位置的点暴雨量与一定范围内相应的面暴雨量之间的相关关系。通过暴雨的点面关系，将设计点暴雨量换算为设计面暴雨量，换算的方法是采用点面关系图。各地暴雨图集中均有这种关系图分析成果，可供查用。点面关系图是以点面折算系数 α 为纵坐标，流域面积 F 为横坐标，以设计历时或固定点雨量为参数的曲线图。点面折算系数 α 的计算公式为

$$\alpha = \frac{H_F}{H_O} \tag{3-12}$$

式中 α——点面折算系数；

H_F——面雨量，mm；

H_O——代表站或流域中心处的点雨量，mm。

（3）设计暴雨量的时程分配。

可从具有长期雨量观测资料的代表站中选取典型暴雨，按前述同频率放大法，推求设计暴雨量的时程分配。

（三）设计净雨的推求

3－10
设计净雨的推求

由降雨形成径流的物理过程可知，降雨在流域上要满足植物截留、填洼、蒸发和土壤下渗等多项损失才形成径流。因此，设计净雨量的计算，实际上是解决设计条件下扣损问题，也就是产流计算问题。产流过程十分复杂，受到降雨强度、降雨时程分配、雨前土壤蓄水量和气候条件等多种因素的影响，往往使相同的降雨量产生不同的径流量。因此，直接计算设计条件下的损失量就很困难。目前，多根据实测降雨量与相应的径流量（净雨量）资料，寻找它们之间的关系，并利用这种关系进行扣损，求出设计净雨量及其时程分配。扣损的方法有降雨径流相关图法、初损后损法和径流系数法等。

1. 降雨径流相关图法

3－11
降雨径流相关图法

降雨径流相关图法以实测暴雨和洪水资料为依据，通过多次降雨的流域平均雨量与相应的洪水径流深建立相关关系，并根据此关系来推求设计净雨及净雨过程。由于影响因素较多，因此，建立降雨径流关系的关键在于正确选定参数及合理确定这些参数的数量。目前常用的降雨径流相关图是以前期影响雨量 P_a 为参数的相关图。

（1）降雨径流关系要素的计算。

1）一次流域平均降雨量 H 的计算。一次降雨是对一次洪水过程来说的，一次降雨并不等于中间没有间歇，若间歇时间不足以形成明显的涨落复峰过程，可作为一次洪水计算。若间歇时间很长，而洪水又有明显涨落的复峰，则可作为两次洪水计算。

2）次径流量 R 的计算。从降雨径流形成过程来看，雨水降落到地面后，一部分水量停蓄在土壤岩石的含水层里，另一部分通过陆面蒸发损失掉，还有一部分水量向下渗透形成地下径流。地下径流流动缓慢，要经过较长的时间才能到达出口断面，所以，在洪水径流分析中，必须把出口断面的地面径流量和地下径流量分割开来，常称为基流分割。基流分割后再计算次径流量。

【例 3-1】 某流域 $F=2150\text{km}^2$，某次大暴雨的降雨过程列于表 3-10 的第②栏，测得该次暴雨相应的洪水流量过程列于第③栏。求该次洪水的径流深及径流系数各是多少？

表 3-10　　次洪水径流深计算表

月.日.时	降雨量 H /mm	流量 Q_i /(m³/s)	地下径流 $Q_基$ /(m³/s)	地面径流 $Q_地$ /(m³/s)	时段平均 $\overline{Q}=(Q_i+Q_{i+1})/2$ /(m³/s)	历时 Δt /h	地面径流总量 $\overline{Q}\Delta t$ /[m³/(s·h)]
①	②	③	④	⑤	⑥	⑦	⑧
6.30.8		29.1					
	1.5						
6.30.14		20.8	20.8	0			
	12.9				54.1	6	324.6
6.30.20		129.0	20.8	108.2			
	50.2				342.4	6	2054.4
7.1.2		602.0	25.5	576.5			
	8.3				766.8	4	3067.2
7.1.6		993.0	36.0	957.0			
	0.6				1193.5	2	2387.0
7.1.8		1476.0	46.0	1430.0			
					1360.0	3	4080.0
7.1.11		1345.0	55.0	1290.0			
					1170.0	1	1170.0
7.1.12		1106.0	56.0	1050.0			
					987.0	2	1974.0
7.1.14		984.0	60.0	924.0			
					733.5	6	4401.0
7.1.20		613.0	70.0	543.0			
					448.0	6	2688.0
7.2.2		434.0	81.0	353.0			
					313.5	6	1881.0
7.2.8		366.0	92.0	274.0			
					248.0	6	1488.0
7.2.14		323.0	101.0	222.0			
					197.0	6	1182.0
7.2.20		285.0	113.0	172.0			
					86.0	6	516.0
7.3.2		130.0	130.0	0			
合计	73.5						27213.2

解：（1）将表 3-10 中的第③栏流量数值绘制于直角坐标纸上得流量过程线。应用本地区标准退水曲线直线斜割法分割地下径流，各时刻地下径流量列于表中第④栏内。

（2）洪水流量减去地下径流量，列于表 3-10 的第⑤栏。计算各时段地面径流的

平均流量 $\overline{Q}=(Q_i+Q_{i+1})/2$，列于表中第⑥栏，计算各时段历时 Δt 和各时段地面径流总量 $\overline{Q}\Delta t$，结果分别填于表 3-10 中第⑦、⑧栏。

（3）计算地面径流总量。

$$W=\sum Q\Delta t=27213.2\text{m}^3/(\text{s}\cdot\text{h})=27213.2\times3600\text{m}^3$$

（4）求洪水径流深 R 及径流系数 α 。

$$R=\frac{W}{1000F}=\frac{27213.2\times3600}{1000\times2150}=45.6(\text{mm})$$

$$\alpha=\frac{R}{H}=\frac{45.6}{73.5}=0.62$$

3）前期影响雨量 P_a 的计算。P_a 表示雨前土壤的蓄水情况，它与雨前降雨量和流域蒸发量有关。雨前降雨量可以从实测资料中选取，而流域的蒸发量不易直接观测，所以 P_a 常通过流域水量平衡原理和土壤蓄水量消退规律来间接确定。根据实际资料分析，即使降雨量相同，若雨前土壤含水量大，土层湿润，则损失水量较少，产流量大；相反则产流量小。P_a 的计算公式为

$$P_{a,t+1}=K(P_{a,t}+H_t) \tag{3-13}$$

式中 $P_{a,t+1}$，$P_{a,t}$ ——第 $t+1$ 天、第 t 天的前期影响雨量；

K——土壤含水量的日消退系数；

H_t ——第 t 天的流域降雨量。

土壤含水量的日消退系数 K 可用式（3-14）计算，即

$$K=1-\frac{E_m}{I_m} \tag{3-14}$$

式中 E_m——流域蒸发能力，mm；

I_m——流域最大初损，mm。

由式（3-14）可知，只要已知流域的 I_m 和 E_m 值，就可以求得 K 值。I_m 是流域十分干旱情况下降雨的最大损失量。特定的流域 I_m 值是一个固定的常量。确定 I_m 值可选择久晴不雨后一次降雨量较大、且全流域产流较少的洪水资料，计算其流域平均雨量 H 和由它产生的径流深 R。因久晴不雨，土壤十分干旱，土壤含水量极小，损失水量 $I=H-R$ 可以近似代表此次降雨的流域最大初损 I_m。若分析多次洪水的初损值，取其中最大者代表流域的最大初损 I_m。我国湿润地区的 I_m 为 80～120mm。E_m 随季节、晴雨等条件的不同而不同。一般按晴天或雨天计算 E_m 的月平均值求得各个时期的 K 值。土壤日蒸发能力 E_m 的实测资料不易得到，目前常用实测水面蒸发值代替。对于特定的流域，入渗损失应有一个物理上限值，因此，P_a 值不应大于流域的最大初损 I_m。若算出的 $P_a>I_m$，只能取 $P_a=I_m$。

【例 3-2】 某流域经分析 $I_m=100$mm，5 月有雨日 $E_m=2$mm，无雨日 $E_m=5$mm；6 月份有雨日 $E_m=3$mm，无雨日 $E_m=5.5$mm，5 月 18—19 日下了一场大雨，以后各日有时有雨，降雨量列于表 3-11 中第②栏，试计算 19 日以后各日的前期影响雨量 P_a。

表 3-11　前期影响雨量 P_a 值计算表

日　期	降雨量 H_i /mm	蒸发量 E_m /mm	日消退系数 K_i	前期影响雨量 P_a /mm
①	②	③	④	⑤
5月18日	78.2	2	0.98	
5月19日	35.6	2	0.98	
5月20日	0	5	0.95	100
5月21日	0	5	0.95	95.0　[100×0.95=95.0]
5月22日	0	5	0.95	90.2　[95×0.95=90.2]
5月23日	0	5	0.95	85.6　[90.2×0.95=85.6]
5月24日	8.4	2	0.98	81.4　[85.6×0.95=81.4]
5月25日	0.5	5	0.95	88.0　[(8.4+81.4)×0.98=88.0]
5月26日	0	5	0.95	84.1　[(88+0.5)×0.95=84.1]
5月27日	0.1	5	0.95	79.9　[84.1×0.95=79.9]
5月28日	45.4	2	0.98	76.0　[(79.9+0.1)×0.95=76.0]
5月29日	0	5	0.95	100
5月30日	0	5	0.95	95.0
5月31日	16.1	2	0.98	90.2
6月1日	0.5	5.5	0.945	100
6月2日	0	5.5	0.945	95.0

解：1）根据表 3-11 中第②栏日降雨量 H_i，按不同月份，是否有雨确定各日的流域日蒸发量 E_m，当 H_i <5mm，可作为无雨日，E_m 填于③栏。

2）本例 5 月 18—19 日下了一场大雨，土壤蓄水量已经饱和，所以开始推算的日期为 5 月 20 日，取 $P_{a,t}$ =100mm。

3）计算各日的 K_i 值，用 $K=1-\frac{E_m}{I_m}$ 计算，结果位于表 3-11 中第④栏。

4）连续计算各日的 $P_{a,t}$，当 $P_{a,t}$ >100mm 时候，$P_{a,t}$ 取 100m，计算结果填于第⑤栏。

（2）降雨径流相关图的建立。

从设计流域的实测暴雨洪水资料中，选出若干次（20～30 次）暴雨及相应的洪水资料。计算各次暴雨的流域平均降雨量 H，以及降雨开始时的前期影响雨量 P_a。并由各次暴雨相应的洪水流量过程线，分割基流后计算洪水地面径流深 R，将计算结果列于表 3-12 中。

降雨径流相关图一般以 H 或 $H+P_a$ 值为纵坐标，以径流深 R 为横坐标，绘于直角坐标纸上，通过点群中心绘制降雨径流的经验相关线。有时这种图点据比较散乱，则可用 P_a 值为参变量，绘制三变量 $H-P_a-R$ 的相关图。因为每次降雨的产流量径流深在数值上等于相应的净雨量，所以利用降雨径流相关图可以进行产流计算推求净雨量及净雨过程。

表 3-12　　　　降雨径流要素表

洪号	降雨量 H /mm	前期影响雨量 P_a /mm	$H+P_a$ /mm	径流深 R /mm	洪号	降雨量 H /mm	前期影响雨量 P_a /mm	$H+P_a$ /mm	径流深 R /mm
71052	58.5	73.6	132.1	49.3	⋮	⋮	⋮	⋮	⋮
71062	71.4	60.5	132.3	52.8	79051	46.8	31.7	78.5	20.6
72052	51.2	9.5	60.7	9.7	⋮	⋮	⋮	⋮	⋮
72093	48.1	44.0	92.1	22.0	80072	82.9	40.5	123.4	46.1
⋮	⋮	⋮	⋮	⋮	⋮	⋮	⋮	⋮	⋮
74093	95.7	69.8	165.5	83.2	83083	137.7	56.4	194.1	105
75081	150.9	17.2	168.1	85.0					

根据由实测资料建立的降雨径流相关图推求设计净雨及其过程时，设计雨量均属于比较稀遇的情况，往往超出实测雨量的范围。因此，在应用降雨径流相关图时，有两个关键问题需要解决：一是降雨径流相关图的外延；二是土壤含水量指标前期影响雨量 P_a 在设计条件下的取值。

1）降雨径流相关图的外延。从降雨径流相关图可以看出，流域平均降雨量 H 增大时，曲线的曲率越来越小，最后接近一条直线，但坡度仍比 45°直线大。这是因为当雨量很大时，仍有少量雨水消耗于蒸发和补给深层地下水。当流域蓄满后，全流域产流形成，相关线上部呈 45°直线。因此，外延相关线应以 45°直线为渐近线，顺势外延。

2）设计条件下前期影响雨量 $P_{a,p}$ 的确定。$P_{a,p}$ 值的大小直接影响设计净雨的计算，以下是确定 $P_{a,p}$ 常用的方法。

a. 取若干次实测暴雨的 P_a 平均值。对于设计标准高的洪水应采用大暴雨的资料来计算。

b. 根据具有长期实测暴雨资料的站点资料，直接计算各次暴雨的 P_a，用频率计算的方法求得设计条件下的前期影响雨量 $P_{a,p}$。

c. 中、小流域缺乏实测资料时，可采用各省水文手册分析的成果确定。据全国暴雨洪水分析计算成果，$P_{a,p} \approx \frac{2}{3}I_m$，湿润地区 $P_{a,p}$ 值大一些，干旱地区 $P_{a,p}$ 值小一些。

（3）设计净雨过程的推求。

设计净雨过程可由 $P_{a,p}$ 和设计暴雨过程资料，通过降雨径流相关图来推求。

2. 初损后损法

在干旱、半干旱或湿润地区的少雨季节，地下水埋藏较深，包气带土层较厚，降雨难以使这样厚的土层蓄满，一般不会产生地下径流。在这种条件下，只有当降雨强度大于下渗强度后，形成超渗雨才会产生地面径流。超渗产流量的大小及产流过程，取决于降雨强度和降雨过程中入渗率的变化情况。在天然降雨情况下，降雨强度一般开始较小，而后逐渐增大，故在降雨初期总是满足不了入渗的要求，降雨量将全部耗于初损 I_0。随着降雨强度的增大及土壤入渗率逐步减小，出现降雨强度大于入渗强度，从降雨强度等于下渗强度开始，即形成超渗雨。以后降雨强度和入渗率均逐步减小，直到降雨强度小于入渗率，不再产生超渗雨。因此，实际的入渗过程是一条变化的递减曲线。

在应用中，为了简化计算和便于处理下渗的变化过程，通常将下渗过程概化为两个阶段，即初期损失阶段和后期损失阶段。把产生地面径流以前的雨量损失称为初损，以 I_0 表示，与 I_0 相应的历时称为初损历时 t_0。开始产流以后被土壤吸收而损失的雨量称为后损，后损过程实际也是由大变小逐步趋于稳定的过程。为了简化计算，后损阶段的损失过程概化为平均损失过程。一次降雨过程中的超渗雨产生的地面净雨深，可由式（3－15）求出，即

$$h_s = H - I_0 - \bar{f} t_R - H_c \tag{3-15}$$

式中　h_s——地面净雨深，mm；

H——流域次降雨量，mm；

I_0——初损，mm；

$\bar{f}$——产流历时内的流域平均后损率，mm；

t_R——产流历时，h；

H_c——雨强小于 $\bar{f}$ 的后期降雨量，mm。

利用式（3－15）进行产流计算，关键是要确定初损量 I_0 和流域平均后损率 $\bar{f}$。

（1）流域初损 I_0 的确定。

流域的初损 I_0 与土壤的前期含水量 P_a 有关，各次降雨的初损均不同，它与流域最大的初损 I_m 和 P_a 的关系为

$$I_0 = I_m - P_a \tag{3-16}$$

各次降雨的初损 I_0 可以根据实测洪水过程和相应的降雨累积曲线确定。若流域不太大，汇流时间短，一般以出口断面洪水过程线的起涨点作为产流开始的时刻。起涨点以前的累积雨量值，可近似作为该次降雨量的初损。对较大流域，由于地面径流汇入河槽后，还需要经过一段河网汇流时间才能到达出口断面，用该方法求得的 I_0 往往会偏大。有的地区通过大量分析降雨洪水的初损 I_0、前期影响雨量 P_a 和初损期降雨强度 $\bar{i}_{初}$ 值，可建立 $I_0 - P_a$ 相关图。若关系不密切，可建立以 $\bar{i}_{初}$ 为参数的 $P_a - \bar{i}_{初} - I_0$ 的经验相关图，以供查用。

（2）流域平均后损率 $\bar{f}$ 的确定。

当初损量 I_0 确定以后，流域平均后损率可按式（3－17）计算，即

$$\bar{f} = \frac{H - h_s - I_0 - H_c}{t_R} \tag{3-17}$$

式（3－17）中，由于 H_c 和 t_R 都与 $\bar{f}$ 有关，所以常用试算法求得 $\bar{f}$。后期平均损失率的影响因素主要包括流域开始时的土壤含水量以及产流期的平均雨强。由于各次降雨的 P_a 及雨强都不同，因而后损平均损失率 $\bar{f}$ 也不可能相等。一般根据多次暴雨洪水资料分析得到的 $\bar{f}$ 值，取其平均值供设计时使用。

（四）设计洪水过程线的推求

3-12

设计洪水过程线的推求

由设计净雨过程经过汇流计算就可求得设计洪水过程线。由于汇流过程十分复杂，为了完成流域汇流计算，总是对汇流过程中某些汇流环节采用简化方法处理。主要有以下简化处理方法：

（1）一次降雨形成的地面、地下径流有着不同的特征。地面径流量大、汇流速度较快，对次洪水过程起着决定作用；地下径流速度很慢，汇流时间可长达几天甚至几十天，它对次洪水流量影响相对较小。因此，在汇流计算中，大都只分析地面径流的汇流过程，而略去地下径流分析，以直接加基流量简化处理。

（2）地面汇流过程包括坡面汇流和河网汇流两部分。由于坡面流程短、调节作用小，汇流时间短，远小于河网的汇流作用。因此，在流域汇流计算中，常常略去坡面汇流过程，直接通过河网汇流演算求得流域出口断面的径流过程。

经过以上两项简化后，流域汇流计算实质上是指由净雨过程推算出口断面的地面径流过程，再将地面径流过程加上相应洪水基流，即是流域出口的洪水流量过程。

1. 等流时线法

（1）等流时线法的汇流原理。

流域上各点所形成的净雨距离出口断面远近不同，经过坡面与河槽的调蓄作用，各净雨点汇流到达流域出口断面的速度和时间都不一样。净雨从流域最远点流到出口断面所经历的时间，称为流域汇流历时，以 τ 表示。净雨在单位时间所通过的距离，称为汇流速度，以 v_τ 表示。在流域上把净雨汇流历时相等的点连成一组等值线，称为等流时线。每条等流时线上的水质点，将在同一时间到达出口断面。假设第一条等流时线上的净雨，经一个 $\Delta\tau$ 时间到达流域出口断面，第二条等流时线上的净雨，经 $2\Delta\tau$ 时间到达流域出口断面，以此类推。两条等流时线所包围的面积称为共时径流面积，用 f_1、f_2、f_3，…表示，共时径流面积的总和为流域面积 F。

由等流时线的汇流原理可知，在任意时刻 t，流域出口断面的流量 Q_t 是由第一块共时径流面积 f_1 乘以本时段净雨，加上第二块共时径流面积 f_2 乘以前一时段的净雨，再加上第三块共时径流面积 f_3 乘以前二段净雨……。其计算通式为

$$Q_t=\frac{h_t}{\Delta t}f_1+\frac{h_{t-1}}{\Delta t}f_2+\frac{h_{t-2}}{\Delta t}f_3+\cdots+\frac{h_{t-(n-1)}}{\Delta t}f_n \tag{3-18}$$

式中　$h_t, h_{t-1}, \cdots, h_{t-(n-1)}$——本时段、前一、前二、……时段的净雨；

$f_1, f_2, \cdots, f_n$——共时径流面积；

Δt——净雨时段长。

当已知净雨过程，并绘制了流域的等流时线，根据式（3-18）即可求出流域出口断面的流量过程线。在生产上，常根据等流时线的汇流原理，分析洪峰流量 Q_m 的形成，建立计算洪峰流量的推理公式。由于降雨时空分布的随机性及各次降雨的损失水量各不相同，使净雨历时 t_c 和流域汇流历时 τ 不一定相同。下面按等流时线汇流原理，来分析 t_c 和 τ 对流域出口断面地面径流过程的影响。

（2）t_c 和 τ 对流量过程的影响。

1）$t_c=\tau$（全面汇流）。为了便于分析，设 $t_c=3\Delta\tau$，即把净雨划分为 3 个时段，

各时段净雨量分别为 Δh_1、Δh_2、Δh_3，共时径流面积分别为 f_1、f_2、f_3，则单元净雨强度为 $\Delta h/\Delta\tau$，单元径流量为 $\frac{\Delta h}{\Delta\tau}f$。出口断面形成的地面径流过程根据式（3-18）求出。为了直观起见，也可以把各时段净雨形成的地面流量过程分解，再按等流时线汇流原理，依次推后一个 $\Delta\tau$ 时段加起来，见表 3-13。表中第⑦栏数值便是出口断面的地面流量过程。从表 3-13 第Ⅰ部分可看出，洪峰流量 Q_3 发生在第三时段末，它是由全部流域面积和全部净雨参与形成，称为全面汇流造峰，简称全面汇流。

表 3-13　　等流时线法地面流量过程计算表

时间 $\Delta\tau$	净雨强度 /(mm/h)	各时段净雨产生的各时段末地面流量				总地面流量过程
		Q_1-t	Q_2-t	Q_3-t	Q_4-t	
①	②	③	④	⑤	⑥	⑦
Ⅰ. $t_\tau=\tau$ 全面汇流						
0		0				$Q_0=0$
1	$\frac{\Delta h_1}{\Delta\tau}$	$\frac{\Delta h_1}{\Delta\tau}f_1$	0			$Q_1=\frac{\Delta h_1}{\Delta\tau}f_1$
2	$\frac{\Delta h_2}{\Delta\tau}$	$\frac{\Delta h_1}{\Delta\tau}f_2$	$\frac{\Delta h_2}{\Delta\tau}f_1$	0		$Q_2=\frac{\Delta h_1}{\Delta\tau}f_2+\frac{\Delta h_2}{\Delta\tau}f_1$
3	$\frac{\Delta h_3}{\Delta\tau}$	$\frac{\Delta h_1}{\Delta\tau}f_3$	$\frac{\Delta h_2}{\Delta\tau}f_2$	$\frac{\Delta h_3}{\Delta\tau}f_1$		$Q_3=\frac{\Delta h_1}{\Delta\tau}f_3+\frac{\Delta h_2}{\Delta\tau}f_2+\frac{\Delta h_3}{\Delta\tau}f_1$
4			$\frac{\Delta h_2}{\Delta\tau}f_3$	$\frac{\Delta h_3}{\Delta\tau}f_2$		$Q_4=\frac{\Delta h_2}{\Delta\tau}f_3+\frac{\Delta h_3}{\Delta\tau}f_2$
5				$\frac{\Delta h_3}{\Delta\tau}f_3$		$Q_5=\frac{\Delta h_3}{\Delta\tau}f_3$
6						$Q_6=0$
Ⅱ. $t_\tau>\tau$ 全面汇流						
0		0				$Q_0=0$
1	$\frac{\Delta h_1}{\Delta\tau}$	$\frac{\Delta h_1}{\Delta\tau}f_1$	0			$Q_1=\frac{\Delta h_1}{\Delta\tau}f_1$
2	$\frac{\Delta h_2}{\Delta\tau}$	$\frac{\Delta h_1}{\Delta\tau}f_2$	$\frac{\Delta h_2}{\Delta\tau}f_1$	0		$Q_2=\frac{\Delta h_1}{\Delta\tau}f_2+\frac{\Delta h_2}{\Delta\tau}f_1$
3	$\frac{\Delta h_3}{\Delta\tau}$	$\frac{\Delta h_1}{\Delta\tau}f_3$	$\frac{\Delta h_2}{\Delta\tau}f_2$	$\frac{\Delta h_3}{\Delta\tau}f_1$	0	$Q_3=\frac{\Delta h_1}{\Delta\tau}f_3+\frac{\Delta h_2}{\Delta\tau}f_2+\frac{\Delta h_3}{\Delta\tau}f_1$
4	$\frac{\Delta h_4}{\Delta\tau}$		$\frac{\Delta h_2}{\Delta\tau}f_3$	$\frac{\Delta h_3}{\Delta\tau}f_2$	$\frac{\Delta h_4}{\Delta\tau}f_1$	$Q_4=\frac{\Delta h_2}{\Delta\tau}f_3+\frac{\Delta h_3}{\Delta\tau}f_2+\frac{\Delta h_4}{\Delta\tau}f_1$
5				$\frac{\Delta h_3}{\Delta\tau}f_3$	$\frac{\Delta h_4}{\Delta\tau}f_2$	$Q_5=\frac{\Delta h_3}{\Delta\tau}f_3+\frac{\Delta h_4}{\Delta\tau}f_2$
6					$\frac{\Delta h_4}{\Delta\tau}f_3$	$Q_6=\frac{\Delta h_4}{\Delta\tau}f_3$
7						$Q_7=0$

续表

时间 $\Delta\tau$	净雨强度 /(mm/h)	各时段净雨产生的各时段末地面流量				总地面流量过程
		Q_1-t	Q_2-t	Q_3-t	Q_4-t	
①	②	③	④	⑤	⑥	⑦
Ⅲ. $t_\tau<\tau$ 部分汇流						
0		0				$Q_0=0$
1	$\frac{\Delta h_1}{\Delta\tau}$	$\frac{\Delta h_1}{\Delta\tau}f_1$	0			$Q_1=\frac{\Delta h_1}{\Delta\tau}f_1$
2	$\frac{\Delta h_2}{\Delta\tau}$	$\frac{\Delta h_1}{\Delta\tau}f_2$	$\frac{\Delta h_2}{\Delta\tau}f_1$	0		$Q_2=\frac{\Delta h_1}{\Delta\tau}f_2+\frac{\Delta h_2}{\Delta\tau}f_1$
3		$\frac{\Delta h_1}{\Delta\tau}f_3$	$\frac{\Delta h_2}{\Delta\tau}f_2$			$Q_3=\frac{\Delta h_1}{\Delta\tau}f_3+\frac{\Delta h_2}{\Delta\tau}f_2$
4			$\frac{\Delta h_2}{\Delta\tau}f_3$			$Q_4=\frac{\Delta h_2}{\Delta\tau}f_3$
5						$Q_5=0$

2) $t_c>\tau$（全面汇流）。设 $t_c=4\Delta\tau$，$\tau=3\Delta\tau$，即 $t_c>\tau$ 情况。各时段净雨分别为 Δh_1、Δh_2、Δh_3、Δh_4。共时径流面积分别为 f_1、f_2、f_3。按等流时线汇流原理，求出的流域出口断面的地面流量过程列于表 3-13 中。从表 3-13 第Ⅱ部分可看出，洪峰流量发生在 Q_3 和 Q_4 中的较大者。无论洪峰流量是 Q_3 还是 Q_4，均系由全部流域面积和部分净雨参与形成，也称为全面汇流。

3) $t_c<\tau$（部分汇流）。设 $t_c=2\Delta\tau$，$\tau=3\Delta\tau$ 。各时段净雨为 Δh_1、Δh_2。共时径流面积分别为 f_1、f_2、f_3。从表 3-13 的第Ⅲ部分可看出，洪峰流量是 Q_2 和 Q_3 中的较大者。无论洪峰流量是 Q_2 还是 Q_3，均系由部分流域面积和全部净雨参与形成，称为部分汇流造峰，简称部分汇流。

等流时线汇流计算方法具体地体现了地面流量形成过程，揭示了流量过程的形成规律，所以等流时线是分析暴雨洪水汇流规律的基本汇流模型。但它只是流域汇流的一种理想状态，并不能完全真实地反映流域汇流。由于汇流速度随时随地在变化，等流时线不可能固定不变。加上河网调蓄作用的影响，通常根据等流时线法推求的洪水流量过程线与实际情况有较大出入。但是等流时线的汇流概念，可揭示出径流形成和出口断面任一时刻流量组成的一般客观规律。

2. 经验单位线法

3-13 ▶

经验单位线法

经验单位线法是汇流计算中常用的一种简便易行、效果较好的方法。最早采用的单位线由美国的 L.K. 谢尔曼提出，故又称谢尔曼单位线。由于单位线常采用实测暴雨及相应的洪水流量过程分析得到，因此又称为经验单位线。经验单位线是一种经验性的流域汇流模型。

(1) 单位线的定义和基本假定。

单位线是指在单位时间内均匀降落到流域上的单位净雨深（一般取 10mm），在流域出口断面上所形成的地面径流过程线。其中的单位时段 Δt 可取 1h、3h、6h、12h、

24h、…。时段的选取要根据流域面积大小及降雨情况而定，一般以大于涨洪历时的1/3左右为宜。

在分析和应用单位时，对单位线做了以下基本假定：

1）倍比假定。净雨历时相同，净雨深不等的两次净雨，在流域出口断面所形成的地面径流过程线形状相似，过程线上相应时刻的流量之比等于净雨深之比。

2）叠加假定。如果净雨历时不是一个时段而是多个时段，则各时段净雨所形成的流量过程线之间互不干扰，出口断面的流量过程等于各时段净雨所形成的流量过程之和。

上述假定说明单位线法汇流计算是建立在线性系统上，并认为在特定流域上，单位线综合反映了流域汇流特性。经验单位线根据实际发生的暴雨及相应的洪水径流过程求得，当流域单位净雨分布比较均匀时，不论净雨强度和历时如何变化，都可以利用单位线推求设计洪水过程线。

（2）单位线的推求。

从实测雨洪资料中选择暴雨历时比较短，分布均匀，雨强较大的净雨。因为这样的暴雨形成的洪水多为涨落明显的单峰型，便于分割基流。但在实际工作中有时难以选择到恰好是一个单位时段净雨及其独立的洪水过程线。而常是多时段净雨形成的复峰型洪水。一般是利用上述单位线的基本假定将其分解为相应于一个单位时段净雨形成的地面流量过程线后，再推求单位线。根据实测暴雨洪水资料推求单位线的具体步骤如下：

1）用产流计算方法对时段降雨过程进行扣损，求得时段净雨过程。

2）分割基流，求出地面径流过程。

3）计算本次洪水过程的地面径流深，检查地面径流深是否与净雨深相等。若不相等，可能是产流计算出现误差，也可能是基流分割不够准确。为此应该进行分析调整，使净雨深与径流深相等。

4）根据单位线的基本假定推求单位线。

【例3-3】 某流域面积 $F=2150\text{km}^2$，某次实测洪水流量过程列表于3-14第①、②栏，取单位时段 $\Delta t=6\text{h}$，经产流计算得到单位时段净雨深为23.2mm。根据该次雨洪资料推求单位线。

解：（1）将实测洪水流量过程绘制在直角坐标纸上，用直线斜割法分割基流，求得地下径流过程，列表于3-14第③栏内。

（2）洪水地面径流过程由表3-14的②－③＝④。

（3）按下式求地面径流深 R，即

$$R=\frac{3600\Delta t\sum Q_i}{1000F}=\frac{3600\times6\times2310}{1000\times2150}=23.2\,(\text{mm})$$

地面径流深与时段净雨深相等，说明基流分割合理，不需要调整基流。

（4）求单位线纵坐标（q_i）。

地面径流过程的纵坐标为 Q_1、Q_2、Q_3、…、Q_i，根据单位线的倍比假定，$q_i=$

$\frac{10}{R}Q_i$，推求单位线纵坐标为 q_1、q_2、q_3、…。计算结果列于表 3－14 的第⑥栏。该栏即为 10mm 净雨所产生的地面径流过程。例如，$q_1=\frac{10}{\Delta h}Q_1=22.6\text{m}^3/\text{s}$，$q_2=\frac{10}{\Delta h}Q_2=77.6\text{m}^3/\text{s}$。

表 3－14　　一个时段净雨的单位线计算表

时间 /月.日.时	瞬时流量 Q /(m^3/s)	地下径流量 $Q_{基}$ /(m^3/s)	地面径流量 $Q_{面}$ /(m^3/s)	时段净雨深 Δh /mm	单位线纵坐标 q_i /(m^3/s)
①	②	③	④	⑤	⑥
8.5.8	22.7	22.7	0	23.2	0
8.5.14	79.0	26.6	52.4		22.6
8.5.20	210.5	30.5	180		77.6
8.6.2	812.4	34.4	778		335
8.6.8	522.3	38.3	484		209
8.6.14	330.2	42.2	288		124
8.6.20	234.1	46.1	188		81.0
8.7.2	173.0	50.0	123		53.0
8.7.8	138.9	53.9	85.0		36.6
8.7.14	115.8	57.8	58.0		25.0
8.7.20	101.0	61.8	39.2		16.9
8.8.2	89.0	65.0	23.2		10.0
8.8.8	81.0	69.8	11.2		4.8
8.8.14	74.0	74.0	0		0
8.8.20					
合计			2310		995.5

（5）验算与修正。检查单位线是否由 10mm 净雨所形成。

$$R=\frac{3600\Delta t\sum q_i}{1000F}=\frac{3600\times 6\times 995.5}{1000\times 2150}=10.0\ (\text{mm})$$

若 R 不为 10mm，则可适当修正单位线纵坐标，使 $R=10\text{mm}$。修正时，使单位线成为光滑的曲线；并且修正后的净雨深 $R=10\text{mm}$。

当次洪水的地面径流过程是由两个及以上时段净雨所形成，可利用倍比假定和叠加假定对次洪水进行分解，求得各个时段净雨所产生的地面径流过程。设两个时段净雨深分别为 Δh_1 和 Δh_2，其所产生的地面流量过程为 Q_i-t，根据叠加假定分解出 Δh_1，Δh_2 各自所产生的地面流量过程 Q'_i-t 及 Q''_i-t 即

$$\left.\begin{aligned} Q_1 &= Q'_1 + 0 \\ Q_2 &= Q'_2 + Q''_1 \\ Q_3 &= Q'_3 + Q''_2 \\ &\vdots \end{aligned}\right\} \tag{3-19}$$

欲求由 Δh_1 产生的地面流量过程 $Q'_i - t$，将 $\dfrac{\Delta h_1}{\Delta h_2} = \dfrac{Q'_i}{Q''_i}$ 代入式（3－19），移项整理，得

$$\left.\begin{aligned} Q'_1 &= Q_1 \\ Q'_2 &= Q_2 - Q''_1 = Q_2 - \frac{\Delta h_2}{\Delta h_1}Q'_1 \\ Q'_3 &= Q_3 - Q''_2 = Q_3 - \frac{\Delta h_2}{\Delta h_1}Q'_2 \\ &\vdots \end{aligned}\right\} \tag{3-20}$$

式中　Q_1，Q_2，Q_3，…，Q_i ——（$\Delta h_1 + \Delta h_2$）产生的地面流量，m^3/s；

Q'_1，Q'_2，Q'_3，…，Q'_i —— Δh_1 产生的地面流量，m^3/s；

Q''_1，Q''_2，Q''_3，…，Q''_i —— Δh_2 产生的地面流量，m^3/s。

【例 3－4】 已知某流域面积 $F=2150km^2$，根据某次暴雨洪水资料已分析求得时段净雨 $\Delta h_1=33.2mm$，$\Delta h_2=9.5mm$，取单位时段 $\Delta t=6h$。该次暴雨相应的洪水过程线列于表 3－15 第①、第②栏。斜割法分割基流的成果列于表 3－15 第③栏，试求单位线。

解： 1）基流分割后求地面径流过程 Q_i-t，②栏－③栏＝④栏。

地面径流深 $R=\dfrac{3600\Delta t\sum Q_i}{1000F}=\dfrac{3600\times 6\times 4250.6}{1000\times 2150}=42.7(mm)$，与时段净雨之和 $\Delta h_1+\Delta h_2=42.7mm$ 相符合。

2）分解两个时段净雨所产生的地面径流过程 Q_i-t，得各时段净雨单独所产生的地面流量。

$$Q'_1 = Q_1 = 93.9(m^3/s)$$

$$Q''_1 = \frac{\Delta h_2}{\Delta h_1}Q'_1 = \frac{9.5}{33.2}\times 93.9 = 26.9(m^3/s)$$

$$Q'_2 = Q_2 - Q''_1 = 549.0 - 26.9 = 522.1(m^3/s)$$

$$Q''_2 = \frac{\Delta h_2}{\Delta h_1}Q'_2 = \frac{9.5}{33.2}\times 522.1 = 149.4(m^3/s)$$

$$Q'_3 = Q_3 - Q_2 = 1200.0 - 149.4 = 1050.6(m^3/s)$$

$$Q''_3 = \frac{\Delta h_2}{\Delta h_1}Q'_3 = \frac{9.5}{33.2}\times 1050.6 = 300.6(m^3/s)$$

依次类推，计算结果分别列于表 3－15 第⑥栏和第⑦栏内。

表 3-15　　两个时段净雨的单位线计算

日．时	瞬时流量 Q /(m³/s)	地下径流 $Q_基$ /(m³/s)	地面流量 $Q_面$ /(m³/s)	时段净雨 Δh /mm	时段净雨产生的地面流量		单位线纵高 q_i /(m³/s)	修正单位线 q /(m³/s)
					$33.2Q'_i$ /(m³/s)	$9.5Q''_i$ /(m³/s)		
①	②	③	④	⑤	⑥	⑦	⑧	⑨
30.14	20.8	20.8	0	33.2	0		0	0
30.20	118.0	24.1	93.9	9.5	93.9	0	28.3	28.3
1.2	576.4	27.4	549.0		522.1	26.9	157.3	140.0
1.8	1230.7	30.7	1200.0		1050.6	149.4	316.4	320.0
1.14	924.0	34.0	890.0		589.4	300.6	177.5	180.0
1.20	543.3	37.3	506.0		337.3	168.7	101.6	110.0
2.2	351.6	40.6	311.0		214.5	96.5	64.6	72.0
2.8	270.9	43.9	227.0		165.6	61.4	49.9	50.0
2.14	219.2	47.2	172.0		124.6	47.4	37.5	37.6
2.20	170.5	50.5	120.0		84.3	35.7	25.4	25.4
3.2	130	53.8	76.2		52.1	24.1	15.7	15.7
3.8	109.0	57.1	51.9		37.0	14.9	11.1	11.0
3.14	95.0	60.4	34.6		24.0	10.6	7.2	6.1
3.20	80.0	63.7	16.3		9.4	6.9	2.8	0
4.2	69.7	67.0	2.7		0	2.7	0	0
4.8	68.7	68.7	0		0	0	0	
4.14								
合 计			4250.6	42.7	3304.8	945.8	995.3	996.1

第⑥栏即表示由 $\Delta h_1 = 33.2$mm 净雨所产生的地面流量 $Q'_i - t$ 过程，第⑦栏表示由 $\Delta h_2 = 9.5$mm 所产生的地面流量 $Q''_i - t$ 过程。最后用$\sum$④$=\sum$⑥$+\sum$⑦验算有无误差。

3）计算单位线。由 $Q'_i - t$ 及 Δh_1 分析单位线。单位线纵高为

$$q_1 = \frac{10}{33.2}Q'_1 = 28.3\text{m}^3/\text{s}$$

$$q_2 = \frac{10}{33.2}Q'_2 = 157.3\text{m}^3/\text{s}$$

依此类推，计算结果列于表 3-15 第⑧栏。

4）检验单位线是否由 10mm 净雨所形成。先根据第①栏和第⑧栏数值，绘制流量过程线并徒手修匀成光滑曲线，读出各时段的纵坐标，列于表 3-15 第⑨栏。并且单位线的地面径流深为

$$R = \frac{3600\Delta t \sum q_i}{1000F} = \frac{3600 \times 6 \times 996.1}{1000 \times 2150} = 10(\text{mm})$$

不必再修改，$q-t$ 即是代表该流域汇流模型的经验单位线。

（3）应用单位线推求设计洪水。

有了流域的单位线后，根据设计净雨量及其过程，便可推求出口断面的地面流量过程线，将此过程加上相应的基流过程，即可求得设计洪水过程线。计算步骤如下：

1）根据设计暴雨过程产流计算求得设计净雨过程。

2）根据倍比假定，求各时段设计净雨相应的地面径流过程。

3）根据叠加假定将各时段设计净雨相应的地面径流过程，按时序依次错开一个净雨时段相加，即求得设计净雨过程所产生的地面流量过程。

4）将所求的地面流量过程加上相应的地下径流过程，即为流域出口断面的设计洪水流量过程。

【例 3-5】 某工程流域面积 $F=2150km^2$。经分析计算，百年一遇设计净雨的计算时段 $\Delta t=6h$，各时段净雨列于表 3-16 第③栏。参考历次大洪水基流数据，基流量取常数 $10m^3/s$，试用该流域所分析的 6h 单位线（表 3-16 第②栏）成果，推求百年一遇的设计洪水过程。

解： 1）计算各时段设计净雨所产生的地面径流。将设计时段净雨转化为单位净雨的倍数，即求 $\frac{10.3}{10}$、$\frac{59.2}{10}$、$\frac{6.1}{10}$ 的比值。分别用这些比值乘以表 3-16 第②栏单位线纵高 q_i，并依次错开一个时段（$\Delta t=6h$）列于表 3-16 第④、⑤、⑥栏。

2）求总的地面径流过程。根据叠加假定，表 3-16 中第⑦栏=④+⑤+⑥栏。

3）求设计洪水过程线。用第⑦栏数据加上基流量 $10m^3/s$，即求得设计净雨产生的百年一遇设计洪水过程线。见表第⑨栏。可以①、⑨栏数值绘成 $P=1\%$ 设计洪水过程线图。

表 3-16　　设计洪水过程线计算表

时段 $\Delta t=6$ /h	单位线 q_i /(m³/s)	设计净雨 Δh /mm	时段净雨产生的地面径流量 /(m³/s)			设计地面径流 /(m³/s)	基流量 /(m³/s)	设计洪水流量 /(m³/s)
			10.3	59.2	6.1			
①	②	③	④	⑤	⑥	⑦	⑧	⑨
0	0		0			0	10.0	10.0
1	28.3	10.3	29.1	0		29.1	10.0	39.1
2	140.0	59.2	144.0	168.0	0	312.0	10.0	322.0
3	320.0	6.1	330.0	829.0	17.3	1176.3	10.0	1186.3
4	180.0		185.0	1894.0	85.4	2164.4	10.0	2174.4
5	110.0		113.0	1066.0	195.0	1374.0	10.0	1384.0
6	72.0		74.2	651.0	110.0	835.2	10.0	845.2
7	50.0		51.5	426.0	67.1	544.6	10.0	554.6
8	37.6		38.7	296.0	43.9	378.6	10.0	388.6
9	25.4		26.2	223.0	30.5	279.7	10.0	289.7
10	15.7		16.2	150.0	22.9	189.1	10.0	199.1
11	11.0		11.3	92.9	15.5	119.7	10.0	129.7
12	6.1		6.4	65.1	9.6	81.1	10.0	91.1
13	0		0	36.7	6.7	43.4	10.0	53.4
14				0	3.7	3.7	10.0	13.7
15					0	0	10.0	10.0

(4) 单位线应用中的问题。

单位线的假定是近似的，并不完全符合实际。因此，在一个流域内对各次洪水分析的单位线常常有些不同，有时差别还比较大。那么在推求设计洪水时，到底该选用哪条单位线呢？必须分析单位线存在差别的原因，进行妥善处理。

1）净雨强度对单位线的影响及处理方法。理论和实践都表明，其他条件相同时，净雨强度大，流域汇流速度快，用这样的洪水分析出来的单位线峰值较高，峰现时间提前；反之，根据净雨强度小的中、小洪水分析得到的单位线峰值低、峰现时间滞后。根据实际资料分析，当净雨强度超过一定界限后，汇流速度将趋于稳定，单位线的峰值将不再随净雨强度的增加而增加。针对这一问题，目前的处理方法是，分析出不同净雨强度的单位线，并研究净雨强度与单位线的关系。推求设计洪水时，必须结合设计条件和具体的净雨强度选用相应的单位线。

2）暴雨中心位置的影响及处理方法。净雨平均强度相同，当暴雨中心靠近下游时，汇流路径短，河网对洪水的调蓄作用减小，从而使单位线的峰值偏高，峰现时间偏前；相反，暴雨中心在上游时，大多数的雨水要经过各级河道的调蓄才流到流域出口，使单位线的峰值降低，峰现时间推迟。针对这种情况，应分析出不同暴雨中心位置的单位线，推求设计洪水时，根据暴雨中心经常出现位置选用相应的单位线。

当一个流域的净雨强度和暴雨中心位置对单位线都有明显影响时，则要对每一暴雨中心分析不同净雨强度的单位线。结合设计条件，特别是对工程不利的情况，同时考虑两方面影响来选用单位线，以确保工程安全。

(5) 单位线的时段转换。

根据单位线推求设计洪水时，设计净雨的计算时段与单位线的计算时段应一致，若遇到单位线与设计净雨时段不一致时，可以通过单位线时段的转换，使其取得一致。如将6h单位线转换为3h单位线或9h单位线，转换方法可采用S曲线法。假定时段相等，净雨量为10mm的单位线，连续不断地出现，那么，出口断面上的地面流量过程线就是单位线的累计曲线，到某个时段，全流域净雨参与汇流后，累计值达到一个常数，这条曲线称为S曲线。可见S曲线就是单位线的累积曲线。通过S曲线进行单位线的时段转化，相对比较复杂。

若把短时段的单位线转化为整数倍数长时段的单位线，如将6h单位线转化为12h单位线、12h单位线转化为24h单位线，可利用单位线的倍比假定和叠加假定来进行单位线的时段转化。该方法比较简单，可不用S曲线转化，如将6h单位线转化为12h单位线。可将两条6h单位线错开6h叠加，根据叠加假定，得净雨历时为12h，净雨量为20mm的净雨在流域出口断面所产生的地面流量过程。然后根据倍比假定，将该地面流量过程乘以净雨深之比（10/20），即得12h单位线。

三、小流域设计洪水

（一）概述

1. 小流域设计洪水的特点

小流域是指集水面积小的流域，但面积大小尚无明确的界限。我国流域面积在几百平方千米以下的小河流不计其数，在这些小河流上兴建的中、小型水利工程以及交通、城市和工业企业的建设中，往往都要求提供小流域的设计洪水。因此，小流域设计洪水计算是生产的需要。小流域设计洪水计算与大中流域比较，有许多特点。首先，小流域为数众多，一般没有水文站，缺乏流量和雨量资料。所以小流域设计洪水计算，常常属于短缺资料情况下的水文计算问题。其次，由于小流域上兴建的中、小型水利工程，一般对洪水调蓄能力较弱，其规模尺寸主要受洪峰控制，因此，小流域设计洪水计算主要是进行设计洪峰流量的计算，对设计洪量及洪水过程线的要求相对较低。小型工程数量多，在灌溉渠系、交通线路等工程建设中，常需在短时间计算大量过河、过沟和排洪建筑设计所需的设计洪水数据。因此计算方法应简便易行，容易为基层技术人员掌握。

2. 小流域设计洪水计算途径

小流域设计洪水计算途径大体上可分为两类：一类是由设计暴雨推求相应的洪水；另一类是综合本地区具有观测资料的设计洪水成果，建立地区性经验公式。目前我国适合小流域特点的设计洪水计算方法较多，应用最广的是推理公式法和经验公式法。此外，还有综合单位线法和调查洪水法等。

广东省水文部门分析研究了全省暴雨洪水资料，以水利科学院提出的推理公式为基础，采用暴雨径流的途径，对暴雨洪水参数进行了大量分析工作。在保证一定精度的前提下，改进了参数的综合方法，简化了计算环节。对推求小流域设计洪水包括设计洪峰流量、设计洪水总量和设计洪水过程线，提出了一套计算方法，在全省应用。本部分主要介绍《广东省暴雨径流查算图表》介绍的推理公式法，所用的图表资料均源自该成果。

（二）推理公式法基本原理

推理公式法利用暴雨洪水对应观测资料，反求推理公式中某些带有经验性的参数。所以推理公式属于半理论、半经验的集总型模型，概化程度较大。

1. 全面汇流与部分汇流

根据产流历时 t_R 与流域汇流历时 τ 的关系，可求出推理公式两种基本形式。

（1）全面汇流。

当 $t_R \geqslant \tau$ 时，洪峰流量 Q_m 是由全部流域面积 F 汇流所形成，称为全面汇流，最大 τ 时段的净雨 h_τ 形成主洪峰，故

$$Q_m = 0.278 \frac{h_\tau}{\tau} F \tag{3-21}$$

式中 Q_m ——洪峰流量，m^3/s；

h_τ ——最大 τ 时段净雨，mm；

F ——全流域面积，km^2；

τ ——流域汇流历时，h；

0.278——单位换算系数。

（2）部分汇流。

当 $t_R < \tau$ 时，洪峰流量 Q_m 由部分流域面积 F_{tR} 汇流形成，称为部分汇流。此时，产流历时 t_R 时段内的全部净雨均参与了主洪峰的形成，故

$$Q_m = 0.278 \frac{h}{t_R} F_{tR} \tag{3-22}$$

式中 h —— t_R 时段净雨，mm；

F_{tR} ——相应于 t_R 时段内的汇流面积，km^2；

t_R ——产流历时，h。

采用 $\frac{F_{tR}}{t_R} \approx \frac{F}{\tau}$，则式（3-22）可改写为

$$Q_m = 0.278 \frac{h}{\tau} F \tag{3-23}$$

2. 汇流速度 v_τ 和汇流历时 τ

以平均流域汇流速度来概括描述径流在坡面及河道内的运动，采用曼宁公式表达的汇流速度公式为

$$v_\tau = mJ^\sigma Q_m^\lambda \tag{3-24}$$

式中 v_τ ——相应于汇流历时 τ 的汇流速度，m/s；

J ——河道沿最远流程的平均比降，用以替代水面比降；

m ——汇流参数；

σ，λ ——经验指数，与河道断面形状有关。当断面为三角形时，$\lambda = \frac{1}{4}$；为抛物线时，$\lambda = \frac{1}{3}$；为矩形时，$\lambda = \frac{2}{5}$，σ 值一般采用 $\frac{1}{3}$。

流域汇流历时 τ 为

$$\tau = 0.278 \frac{L}{v_\tau} = 0.278 \frac{L}{mJ^\sigma Q_m^\lambda} \tag{3-25}$$

式中 L ——干流河长，沿主河道从出口断面至分水岭的最长距离，km。

3. 推理公式的基本形式

根据不同汇流方式，利用式（3-21）、式（3-25）或者式（3-23）、式（3-25）便可求出相应的洪峰流量 Q_m 和汇流历时 τ。根据广东省具体情况，在设计条件下一般属于全面汇流，求洪峰流量应采用式（3-21）、式（3-25）所组成的方程组求解，即

$$\left.\begin{aligned} Q_m &= 0.278 \frac{h_\tau}{\tau} F \\ \tau &= 0.278 \frac{L}{mJ^\sigma Q_m^\lambda} \end{aligned}\right\} \tag{3-26}$$

上述方程组即为推理公式的基本形式，当式中流域的地理参数 F、J、L 为已知，且设计条件下暴雨，汇流参数 m 如能获得，上述方程组中的未知数 Q_m、τ 即可求出。

（三）设计暴雨的推求

推理公式法利用设计暴雨间接推求设计洪峰流量，再按设计暴雨的时程分配推求设计洪水过程。因此设计暴雨参数的准确与否及设计暴雨时程分配是否合理，直

接影响设计洪水的精度。小流域根据暴雨推求设计洪水，假定设计暴雨与设计洪水同频率。

1. 点雨量查算

广东省水文部门在分析暴雨量与历时关系过程中，随着自记雨量站的增多和暴雨资料的积累，对暴雨时深关系的认识逐步深化，已编制了固定历时年最大10min（1/6h）、1h、6h、24h点雨量均值 $\overline{H}_t$ ，变差系数 C_v 等值线图。根据广东省小流域洪水特性，假定 $C_s=3.5C_v$ ，点设计暴雨量 H_{tp} 按式（3-27）计算，即

$$H_{tp}=K_p\overline{H}_t \tag{3-27}$$

式中　H_{tp} ——t 历时设计暴雨，mm；

K_p ——P-Ⅲ型曲线模比系数，根据 C_v、C_s、P（%）查P-Ⅲ型曲线模比系数表得到。

2. 面雨量计算

广东省水文部门根据广东暴雨特点，对点雨量 H_t 与面雨量 $H_{t面}$ 之间关系做了大量分析工作，编制了点面换算系数 α-降雨历时 t-集水面积 F 关系图。根据此图，可查出不同历时 t 的点面换算系数 α 。设计面雨量 $H_{tp面}$，可用式（3-28）求算，即

$$H_{tp面}=\alpha H_{tp} \tag{3-28}$$

α-t-F 关系曲线图，分为暴雨低区和暴雨高区两张图，分别见附图1和附图2。查图时按工程地点属于高区还是低区来查图。工程地点是属于哪个区，请参见附表《广东省暴雨径流查算图表》分区与暴雨、产流、汇流分区对应表。

3. 暴雨力 S_p 及暴雨递减指数 n_p 的计算

广东省中、小型水利工程集水面积在100km² 以下的约有90%以上，因而，其洪峰流量多由短历时暴雨所形成，按推理公式计算，其汇流历时 τ 多在24h以内。根据推理公式全面汇流的式（3-26）可知，在推求设计洪峰流量 Q_m 时，F、L、J、m 均为已知，Q_m 和 τ 属待定值，净雨强度 $\dfrac{h_\tau}{\tau}$ 除随 τ 值变化外，尚与设计暴雨和产流计算有关。

将 $1h\leqslant t\leqslant 24h$ 内的最大各历时暴雨 H_t 与相应历时 t 关系点绘在对数格纸上，可以看出 H_t-t 不是呈直线关系，而在6h处多了一个折点。当 H_t-t 呈直线关系时，半经验任意历时设计暴雨公式为

$$H_{tp面}=S_pt^{1-n_p} \tag{3-29}$$

式中　S_p ——设计频率 P（%）暴雨力，即1h暴雨量，mm；

n_p ——短历时暴雨递减指数。

由于 $1h\leqslant t\leqslant 24h$ 之间的6h处多了一个折点，必须对式（3-29）的 S_p、n_p 进行相应的修正计算。修正时，先求出1h、6h、24h的设计雨量 $H_{1p面}$、$H_{6p面}$、$H_{24p面}$，再分别求出其在 $1h\leqslant t\leqslant 6h$ 的暴雨递减指数 $n_{p(1-6)}$ 和 $6h\leqslant t\leqslant 24h$ 的暴雨递减指数 $n_{p(6-24)}$ 及相应的暴雨力 $S_{p(1-6)}$ 和 $S_{p(6-24)}$ 。n_p、S_p 可由式（3-30）和式（3-31）计算，即

当 1h≤t≤6h 时，有

$$1-n_{p(1-6)}=\frac{\lg^{H_{6p面}}-\lg^{H_{1p面}}}{\lg6-\lg1}=\frac{\lg(H_{6p面}/H_{1p面})}{\lg(6/1)}$$

$$n_{p(1-6)}=1-\frac{\lg(H_{6p面}/H_{1p面})}{\lg6} \tag{3-30}$$

$$S_p=H_{1p面}=\frac{H_{6p面}}{6^{1-n_{p(1-6)}}}$$

当 6h≤t≤24h 时

$$1-n_{p(6-24)}=\frac{\lg^{H_{24p面}}-\lg^{H_{6p面}}}{\lg24-\lg6}=\frac{\lg(H_{24p面}/H_{6p面})}{\lg(24/6)}$$

$$n_{p(6-24)}=1-\frac{\lg(H_{24p面}/H_{6p面})}{\lg4} \tag{3-31}$$

$$S'_p=\frac{H_{6p面}}{6^{1-n_{p(6-24)}}}=\frac{H_{24p面}}{24^{1-n_{p(6-24)}}}$$

【例 3-6】 已知甲水库设计标准 $P=1\%$，$H_{6p面}=270$mm，$H_{24p面}=455.4$mm，根据经验假定该水库 τ 在 6～24h 之间，试求 $t=8$h、10h、12h 的设计暴雨 $H_{tp面}$。

解：

$$1-n_{p(6-24)}=\frac{\lg(H_{24p面}/H_{6p面})}{\lg4}=\frac{\lg(455.4/270)}{\lg4}=0.377$$

$$S'_p=\frac{H_{24p面}}{24^{1-n_{p(6-24)}}}=\frac{455.4}{24^{0.377}}=137.4\ (\text{mm})$$

当 $t=8$h 时，$H_{8p面}=137.4\times8^{0.377}=300.9$ (mm)

当 $t=10$h 时，$H_{10p面}=137.4\times10^{0.377}=327.3$ (mm)

当 $t=12$h 时，$H_{12p面}=137.4\times12^{0.377}=350.6$ (mm)

4. 设计暴雨雨型

广东省按照暴雨特性划分为 10 个分区。各分区选用相当于所选站点十年一遇以上的暴雨中心（主要是自记雨量站中雨量最大站）实测大暴雨资料，应用模糊聚类分析方法进行分类。选择其中发生机会最多（一般占总数的 50%以上）又基本包括了特大暴雨的一类，作为该区设计雨型的原型。因资料所限，最大 24h、3d 设计雨型的单位时段 Δt 分别为 1h、6h。为了体现形成最大洪峰降雨历时雨量分配的客观规律，以短历时为主，长历时套短历时，使各历时雨型相互协调。在样本的选取上具有统一的频率标准，避免了同次暴雨重复选择，保持了形成最大洪峰的短历时雨型分配的客观特点。分析成果见表 3-17 所示的广东省分区最大 24h 设计雨型（暴雨时程分配）表和表 3-18 所示的广东省分区最大 3d 设计雨型（暴雨时程分配）表。应用时要根据工作地点所在分区直接采用。

表 3-17　　广东省分区最大 24h 设计雨型（暴雨时程分配）表

分区	项目　H/%　时程	24h 雨型时程分配																							
		1	2	3	4	5	6	7	8	9	10	11	12	13	14	15	16	17	18	19	20	21	22	23	24
韩江	占 H_6%													12.6	18.5	16.6	21.0	13.1	18.2						
	占 $(H_{24}-H_6)$%	7.5	4.4	4.7	5.2	3.7	3.4	3.5	6.4	5.7	3.8	6.3	10.1							8.2	7.5	6.4	4.7	4.7	3.8
粤东沿海	占 H_6%													14.8	18.2	15.1	12.5	22.9	16.5						
	占 $(H_{24}-H_6)$%	3.7	2.4	4.3	4.0	5.7	6.4	7.0	8.7	7.5	5.7	5.2	7.4							7.4	6.0	3.8	4.1	5.2	5.5
东江上游	占 H_6%							13.3	12.4	17.2	23.4	17.2	16.5												
	占 $(H_{24}-H_6)$%	4.1	6.1	3.4	0.5	2.9	6.5							9.7	11.5	11.3	8.6	5.4	4.3	6.5	5.0	5.6	4.5	1.8	2.3
东江中下游	占 H_6%							21.1	21.6	20.8	10.5	13.5	12.5												
	占 $(H_{24}-H_6)$%	2.3	2.8	2.0	3.1	2.3	3.9							7.4	6.8	7.6	9.2	12.3	8.7	7.1	6.1	5.9	4.8	4.4	3.3
北江上游	占 H_6%							25.8	18.6	13.0	10.2	14.1	18.3												
	占 $(H_{24}-H_6)$%	4.8	6.2	9.4	7.1	9.3	12.1							14.5	7.1	3.5	2.6	3.5	2.6	4.4	3.9	2.9	1.5	2.4	2.2
北江中下游	占 H_6%													8.8	22.1	24.2	21.1	12.2	11.6						
	占 $(H_{24}-H_6)$%	7.2	7.2	3.0	5.3	1.7	2.0	3.0	3.3	6.9	6.6	7.7	10.8							9.7	5.2	5.0	9.9	3.0	2.5
珠江三角洲	占 H_6%							10.9	16.6	19.7	20.5	17.4	14.9												
	占 $(H_{24}-H_6)$%	1.5	2.9	3.6	8.8	10.7	11.3							9.7	7.8	8.8	5.5	5.4	4.8	3.2	3.2	2.5	4.0	3.6	2.7
西江	占 H_6%							13.4	16.1	10.7	17.4	22.5	19.9												
	占 $(H_{24}-H_6)$%	5.0	5.5	4.9	7.7	9.9	13.0							7.7	3.2	7.6	4.4	3.2	2.9	4.0	4.7	3.4	4.5	4.2	4.2
粤西沿海	占 H_6%													16.9	15.6	15.2	15.2	17.8	19.3						
	占 $(H_{24}-H_6)$%	4.3	4.1	3.2	3.0	2.0	1.9	2.8	6.1	5.8	8.6	12.2	13.8							10.8	4.3	3.7	4.6	4.3	4.5
雷州半岛	占 H_6%													16.2	12.1	19.6	18.8	15.6	17.7						
	占 $(H_{24}-H_6)$%	4.8	0.9	2.1	1.5	1.9	4.9	2.7	3.8	2.3	2.7	7.4	12.0							10.2	13.3	11.4	8.2	6.5	3.4
海南岛	占 H_6%													12.9	12.9	15.1	20.9	21.4	16.8						
	占 $(H_{24}-H_6)$%	2.9	4.3	3.1	3.3	4.3	4.5	5.6	5.4	7.4	10.2	10.2	10.7							9.2	4.9	5.4	2.8	3.1	2.7

表3-18　广东省分区最大3d设计雨型（暴雨时程分配）表

分区	H/% 时程 / 项目	3d雨型时程分配											
		1	2	3	4	5	6	7	8	9	10	11	12
韩江	占H_6%							100					
	占($H_{24}-H_6$)%					28.9	35.8		35.3				
	占($H_{3d}-H_{24}$)%	4.6	1.9	23.4	29.9					16.1	5.7	5.4	13.0
粤东沿海	占H_6%							100					
	占($H_{24}-H_6$)%					26.5	41.5		32.0				
	占($H_{3d}-H_{24}$)%	2.7	4.7	11.3	19.7					26.5	14.5	11.3	9.3
东江上游	占H_6%						100						
	占($H_{24}-H_6$)%					23.5		50.8	25.7				
	占($H_{3d}-H_{24}$)%	14.3	13.9	7.0	17.3					24.7	7.0	10.1	5.7
东江中下游	占H_6%						100						
	占($H_{24}-H_6$)%					16.4		52.0	31.6				
	占($H_{3d}-H_{24}$)%	9.9	9.2	15.1	39.3					8.4	4.9	7.3	5.9
北江上游	占H_6%										100		
	占($H_{24}-H_6$)%									48.9		33.8	17.3
	占($H_{3d}-H_{24}$)%	5.5	13.6	6.6	4.4	17.6	19.9	7.4	25.0				
北江中下游	占H_6%							100					
	占($H_{24}-H_6$)%					26.4	38.3		35.3				
	占($H_{3d}-H_{24}$)%	11.6	1.3	13.1	8.4					25.5	29.9	3.4	6.8
珠江三角洲	占H_6%						100						
	占($H_{24}-H_6$)%					38.8		42.0	19.2				
	占($H_{3d}-H_{24}$)%	12.3	16.1	10.9	24.0					13.4	12.3	4.8	6.2
西江	占H_6%						100						
	占($H_{24}-H_6$)%					46.0		29.0	25.0				
	占($H_{3d}-H_{24}$)%	3.8	24.2	15.9	25.4					9.2	6.8	9.1	5.6
粤西沿海	占H_6%							100					
	占($H_{24}-H_6$)%					18.5	49.3		32.2				
	占($H_{3d}-H_{24}$)%	7.1	10.6	13.1	20.5					9.9	15.5	13.1	10.2
雷州半岛	占H_6%							100					
	占($H_{24}-H_6$)%					16.1	30.9		53.0				
	占($H_{3d}-H_{24}$)%	14.5	14.5	10.8	12.0					24.5	10.0	7.3	6.4
海南岛	占H_6%							100					
	占($H_{24}-H_6$)%					22.4	49.5		28.1				
	占($H_{3d}-H_{24}$)%	9.7	6.8	14.4	14.4					30.9	11.5	4.4	7.9

（四）产流、汇流参数的分析方法与地区综合

广东省水文部门应用流域实测暴雨洪水资料分析产流参数和汇流参数，以减少因概化假设造成的误差。通常选用集水面积在 $1000km^2$ 以下，人类活动影响较少、观测系列较长的测站作为分析对象。

1. 产流参数平均后损率 $\overline{f}$ 的分析计算

对于相对湿润地区，在设计条件下，一次暴雨的损失量占暴雨量的比例较小，因此，该类地区可采用较简便的产流计算方法。广东属于相对湿润地区，雨量大、损失量较少，故采用较简单的初损后损法对产流参数进行分析。根据流域与降雨特性，同时考虑流域的完整性，把广东（含海南）全省划分为内陆、粤东沿海和珠江三角洲、粤西沿海、琼雷台地及海南山丘区等 5 个区进行产流参数综合。产流参数分区综合成果列入表 3－19 中。

在应用表 3－19 所列成果时，先按工程地点选择分区，再按集雨面积大于或小于 $100km^2$，从表 3－19 中选取 24h 的平均后损率 $\overline{f}$ 和 3d 的平均后损率 $\overline{f}_{3d}$ 值。

表 3－19　　广东省分区产流参数表

分　区	集水面积 F/km^2	$\overline{f}$ /(mm/h)	$\overline{f}_{3d}$ /(mm/h)
内陆	>100	4.5	2.5
	<100	5.0	2.5
粤东沿海 珠江三角洲	>100	4.0	2.7
	<100	4.5	2.7
粤西沿海	>100	5.0	2.9
	<100	5.5	2.9
琼雷台地	>100	7.5	3.0
	<100	8.0	3.0
海南山丘区	>100	4.3	2.9
	<100	5.0	2.9

2. 汇流参数 m 的计算方法

汇流参数 m 是汇流速度公式中的经验参数，通过实测暴雨洪水资料先确定流域汇流历时 τ，再通过计算 τ 的公式反求 m。根据式（3－25），取式中 $\sigma=\dfrac{1}{3}$，$\lambda=\dfrac{1}{4}$，则得式（3－32），即

$$\tau=\frac{0.278L}{mJ^{1/3}Q_m^{1/4}} \tag{3-32}$$

由式（3－32）则汇流参数 m 的计算公式为

$$m=\frac{0.278L}{\tau J^{1/3}Q_m^{1/4}} \tag{3-33}$$

根据实测暴雨洪水资料分析 m 的计算方法如下：

（1）根据实测的地表径流量求得的净雨深 h 与产流历时 t_R 之比，判断汇流条件，当 $\frac{h}{t_R} > \frac{Q_m}{0.278F}$ 时，属于部分汇流；当 $\frac{h}{t_R} \leqslant \frac{Q_m}{0.278F}$ 时，属于全面汇流。

（2）若属于部分汇流，实测洪峰流量的流域汇流历时 τ 可以通过公式 $\tau = 0.278\frac{h}{Q_m}F$ 直接求出，再代入式（3-33）算出本次洪水的 m 值。

（3）若属于全面汇流，根据净雨过程，自最大净雨强度开始向前向后相邻时段连续累积。将累积净雨量除以相应的时距，即得时段最大平均净雨强度 $\frac{h_t}{t}$，在普通方格纸上以 t 为横轴，$\frac{h_t}{t}$ 为纵轴，点绘出 $\frac{h_t}{t}-t$ 关系曲线。根据实测洪水计算的 $\frac{Q_m}{0.278F}\left(=\frac{h_\tau}{\tau}\right)$，在 $\frac{h_t}{t}-t$ 关系曲线上查出相应的 t，即所求的 τ。将 τ 值代入式（3-33），便可求出此次洪水所对应的汇流参数 m 值。

3. 汇流参数 m 值的综合

推理公式方程组中的 m，是汇流速度公式中的经验性参数。影响汇流参数 m 的因素较多，主要有以下几个方面：流域因素，流域内由于地貌、植被、河网分布、河道糙率、断面形状等的不同，其 m 值亦不同；暴雨因素，随暴雨时程分配、面雨量分布及洪水大小不同，其 m 值的变幅较大；其他因素，由于推理公式是集总型概念模型，它必须对上述下垫面条件和暴雨时空分布作全流域相一致的均化与概化假定，不能较客观地反映上述诸因素对推求洪峰流量的影响。在进行汇流参数 m 值的单站和地区综合时，必须充分考虑其设计条件，使其尽可能符合实际。

（1）汇流参数 m 值的单站综合。

联解推理公式方程组，经推导分别得出

全面汇流时，有

$$m=\theta\frac{q_m^{3/4}}{h_\tau} \tag{3-34}$$

部分汇流时，有

$$m=\theta\frac{q_m^{3/4}}{h} \tag{3-35}$$

式中　θ——地形参数，$\theta=\frac{L}{J^{1/3}F^{1/4}}$；

q_m——单位面积产峰流量（或称洪峰模数），$q_m=\frac{Q_m}{F}$。

对于同一流域，θ 是定值，m 与 q_m 和 h 有关，同时反映了峰量关系。单站综合时利用这种关系，在普通方格纸上建立单站的 q_m-m、$h-m$ 相关图，如图 3-1、图 3-2 所示。通过两条相关线，定出单站汇流参数 m 的稳定值 $m_{稳}$。

从分析实测暴雨洪水资料可以看出，同一测站的 q_m-m、$h-m$ 均存在一定关系。

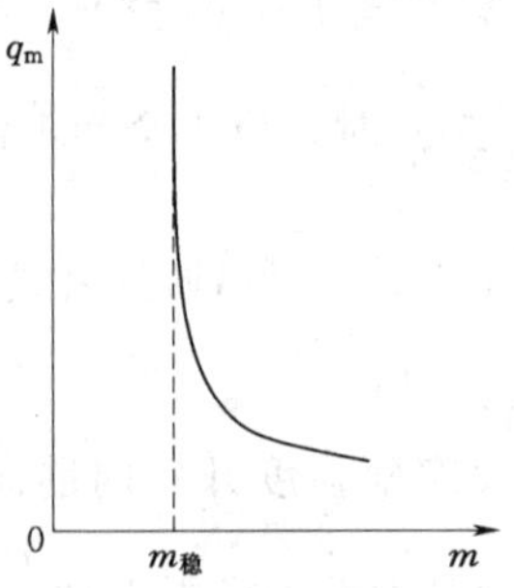

图 3-1　q_m-m 关系

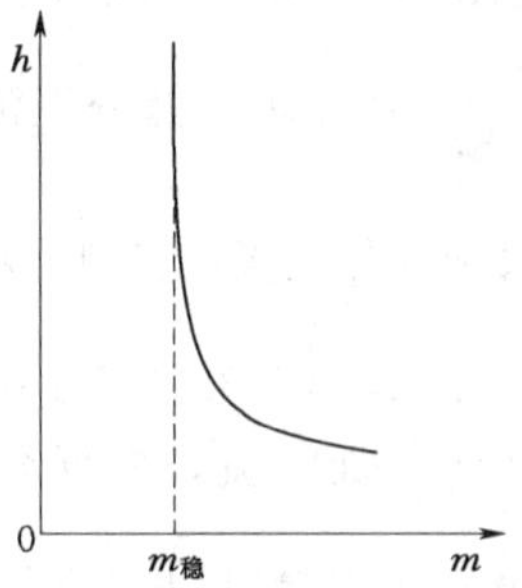

图 3-2　$h-m$ 关系

按广东实际情况，一般随着 q_m、h 的增大，m 值相对减小。当 q_m、h 达到某一量级时，m 值便趋于稳定。在单站取值时，从设计条件出发，尽可能选择全流域普遍降雨和全面汇流的大洪水，参照两线综合选定单站 m 的稳定值。

(2) 汇流参数 m 值的地区综合。

汇流参数 m 值的地区综合，是在确定了单站 m 值后进行的。这就必须考虑流域下垫面条件的差异，除了流域几何特征如 L、J、F 这些定量特征外，还应考虑各流域地质、植被等特征的异同。对 m 值的地区综合，目前应用较多的是在双对数格纸上点绘 $m-\theta$ 相关关系线。其中地形特征参数 $\theta=\frac{L}{J^{1/3}F^{1/4}}$ 或采用 $\theta=\frac{L}{J^{1/3}}$。广东 1976 年采用的是 $\theta=\frac{L}{J^{1/3}F^{1/4}}$。后来修订时，对两种相关关系作了比较，发现 $\theta=\frac{L}{J^{1/3}F^{1/4}}$ 时，$m-\theta$ 关系点据拉不开，不易定线。而采用 $\theta=\frac{L}{J^{1/3}}$ 时，$m-\theta$ 相关关系较好，故采用 $\theta=\frac{L}{J^{1/3}}$ 与 m 建立相关图。为了在设计条件下外延和向无资料地区移用，m 值的地区综合采用以 θ 值为横坐标、m 值为纵坐标，以山区、高丘和低丘平原为参变条件，将各单站的综合 m 值，在双对数格纸上点绘 $m-\theta$ 关系曲线。广东省 $m-\theta$ 关系曲线图见附图 3，示意图见图 3-3。

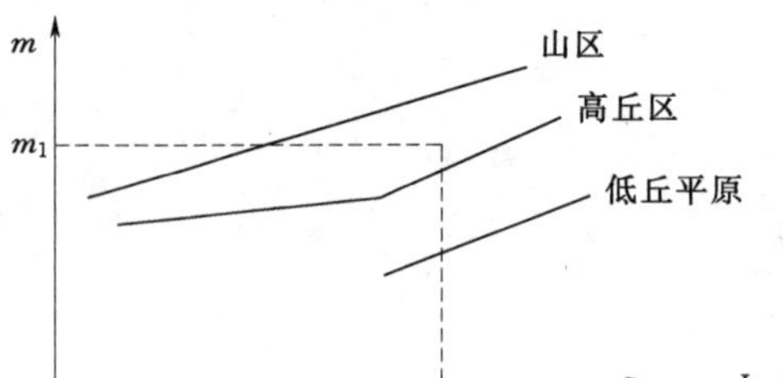

图 3-3　$m-\theta$ 关系

应用 $m-\theta$ 关系曲线时，对山区、高丘区、低丘平原地形分类，可参照汇流参数分类指标表（表 3-20），并结合工程集水区域下垫面条件，最后选定 m 值。

$m-\theta$ 关系曲线按地形划分为 3 种类型，但并不意味着属于某种类型的一定要在相应的 $m-\theta$ 关系曲线上查取 m 值，还需根据集水区域下垫面条件，在本类线上或线下取值。如半山区半高丘属两线之间，亦可以内插查图，这样才能使 m 值的取值更加切合实际。

表 3-20 汇流参数分类指标表

指标 / 类别	干流平均坡降 J /‰	集水区域平均高程 $\bar{z}$ /m	土壤渗透性	其 他
山区	>5	>500	较差	(1) 土层薄、岩石裸露，植被差 (2) $\theta < 100$ 时，$J > 10‰$
高丘	3～5	250～500	中等	(1) 岩溶山区 (2) $\theta<100$ 时，$J=5‰\sim10‰$
低丘平原	<3	<250	较好	(1) 岩溶丘陵 (2) $\theta < 100$ 时，$J < 5‰$

（五）设计洪峰流量的计算

广东省推理公式法推求设计洪峰流量采用以下方程组，即

$$\left.\begin{aligned} Q_m &= 0.278\frac{h_\tau}{\tau}F \\ \tau &= 0.278\frac{L}{mJ^{1/3}Q_m^{1/4}} \end{aligned}\right\} \tag{3-36}$$

推求设计洪峰流量，需要联解上述方程组。计算时，为避免试算，通常采用图解法，步骤如下：

(1) 根据《广东省水文图集》暴雨等值线图，查取工程地点以上集水区域中心处最大 1h、6h、24h 暴雨均值 $\overline{H}_t$ 和变差系数 C_v，计算设计频率 P(%) 的 1h、6h、24h 点雨量。

(2) 根据工程地点所处区域查点面换算系数 α -历时 t -集水面积 F 关系图，得到相应于 1h、6h、24h 的点面换算系数 α_t，根据公式 $H_{tp面}=\alpha_t H_{tp}$ 便可求出 1h、6h、24h 的同频率设计面雨量 $H_{tp面}$。

(3) 根据流域面积及暴雨量的大小，初估汇流时间 τ，用暴雨力 S_p 及暴雨递减指数 n_p 计算公式，计算设计频率相应的 S_p 和 n_p。根据公式 $H_{tp}=S_p t^{1-n_p}$ 求得假设的任意时段面暴雨量 $H_{tp面}$若干个，分别扣除其相应历时的损失 $\bar{f}_{24}t$，得相应时段净雨量 $h_{tp面}=H_{tp面}-\bar{f}_{24}t$，进而利用公式 $Q_m=0.278\frac{h_{tp面}}{t}F$，便可求得假设时段 t 的最大流量 Q_m。

【例 3-7】 已知甲水库设计标准 $P=1\%$，相关资料见表 3-21。

表 3-21 甲水库 $P=1\%$资料表

S_p /mm	$1-n_{p(6-24)}$	$\bar{f}_{24}$ /(mm/h)	F /km²
137.4	0.377	4.5	295

初估 τ 为 6～12h，试推求假设历时 t 分别为 6h、8h、10h、12h 的最大流量，并绘制 Q_m-t 关系曲线。

解：计算成果列入表 3－22 中，以表中 t 和 Q_m 相应值绘制 $Q_m - t$ 关系曲线如图 3－4 所示。

表 3－22　　甲水库 $Q_m - t$ 关系计算表

t/h	$H_{tp面}=S'_p t^{t-n_p}{}_{(6-24)}$ /mm	$\bar{f}_{24}$ /(mm/h)	$\bar{f}_{24}t$ /mm	$h_{tp面}=H_{tp面}-\bar{f}_{24}t$ /mm	$\frac{h_{tp面}}{t}$ /(mm/h)	$Q_m=0.278\frac{h_{tp面}}{t}F$ /(m³/s)
①	②	③	④	⑤	⑥	⑦
6	270.0	4.5	27.0	243.0	40.5	3321
8	300.9	4.5	36.0	264.9	33.1	2715
10	327.3	4.5	45.0	282.3	28.2	2313
12	350.0	4.5	54.0	296.6	24.7	2026

必须注意，若求得的 τ 与计算的 S_p 和 n_p 相应的时段不一致时，要重新计算，使 τ、S_p、n_p 所在时段相一致。

(4) 按流域特征选定汇流参数 m 值，假定 3～4 个洪峰流量 Q_m，按公式 $\tau=0.278\frac{L}{mJ^{1/3}Q_m^{1/4}}$ 计算汇流历时 τ。绘制 $Q_m-\tau$ 关系曲线，并和 Q_m-t 曲线放在一张图上，两条曲线交点所对应的纵、横坐标即为所求的 Q_m 和 τ 值。

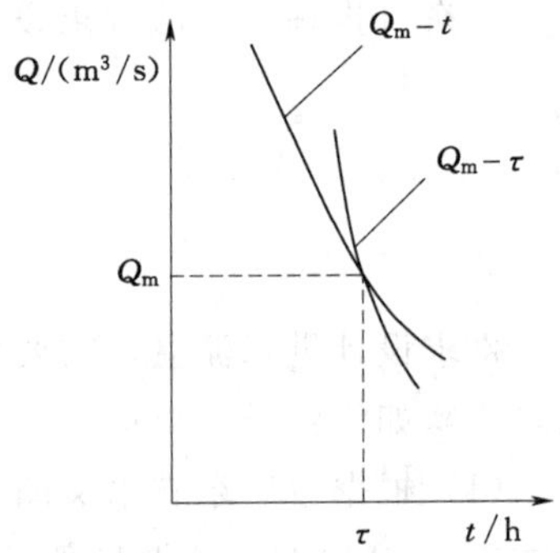

图 3－4　Q_m-t 和 $Q_m-\tau$ 关系曲线

【例 3－8】 已知甲水库 $m=1.05$、$L=39.56$km、$J=0.0027$，集水区域特征参数 $\theta=L/J^{1/3}=284.1$，试求其 $Q_m-\tau$ 关系曲线。

解：初估设计洪峰流量为 2000～3000m³/s，应用公式 $\tau=\frac{0.278L}{mJ^{1/3}Q_m^{1/4}}=\frac{0.278\theta}{mQ_m^{1/4}}$ 计算。

当 $Q_m=3000\text{m}^3/\text{s}$ 时，得 $\tau=\frac{0.278\times 284.1}{1.05\times 3000^{1/4}}=10.16(\text{h})$

当 $Q_m=2500\text{m}^3/\text{s}$ 时，得 $\tau=\frac{0.278\times 284.1}{1.05\times 2500^{1/4}}=10.64(\text{h})$

当 $Q_m=2000\text{m}^3/\text{s}$ 时，得 $\tau=\frac{0.278\times 284.1}{1.05\times 2000^{1/4}}=11.25(\text{h})$

将计算结果列入表 3－23 中，以表中 Q_m 值为纵坐标，τ 值为横坐标，便可绘制 $Q_m-\tau$ 关系曲线，如图 3－4 所示。

表 3－23　　甲水库 $Q_m-\tau$ 关系计算表

Q_m/(m³/s)	3000	2500	2000
τ/h	10.16	10.64	11.25

根据甲水库资料计算并绘制 Q_m-t 与 $Q_m-\tau$ 关系曲线，其交点坐标，表示了推理公式方程组的解，即为所求的设计洪峰流量 $Q_m=2155m^3/s$，汇流历时 $\tau=11.04h$。

（六）设计洪水过程线

设计洪峰流量求出后，尚需推求设计洪水过程线，才能进行水库调洪计算。广东省对设计洪水过程线进行了概化。主洪峰段采用 6 点折腰多边形过程，次洪峰段均采用简单的三角形过程，按雨型历时绘于方格纸上，并将重叠部分叠加起来，绘制出整个设计洪水过程线。

1. 设计暴雨（毛雨）过程计算

根据广东水文部门提供的最大 24h、3d 设计雨型，视工程泄洪能力的大小，采用工程所在分区不同历时的设计雨型，以同频率分段控制推求设计暴雨的分配过程。一般来说，对泄洪能力较大的工程，最大 24h 或 3d 的洪水过程线已经满足设计要求。最大 24h 设计暴雨，以 H_{6p}、H_{24p} 进行控制，逐时进行分配；最大 3d 雨量除最大 1d 外，其余两天（$H_{3dp}-H_{24p}$）按 6h 一段进行分配，为简化计算，另外 2d 的时段降雨量以 d 为单位时间各合并成一段，并各产生一个次洪峰。

2. 设计净雨过程计算

产流过程如前所述，因初损 I_0 数值较小，并简化计算，在扣损过程中不予考虑。

（1）最大 24h 净雨过程及径流深计算。

根据最大 24h 设计雨型时程分配的毛雨过程，计算出设计频率最大 24h 净雨过程。将各个时段（$\Delta t=1h$）毛雨扣除损失即得各时段净雨。当时段毛雨小于 24h 平均损失率 $\overline{f}_{24}$ 时，不产流，净雨为零，其差值无须从其他时段补足。把 24h 的净雨累加起来便得最大 24h 设计径流深 h_{24p}。

（2）最大 τ 时段净雨深 h_τ 及 $h_{\tau前}$、$h_{\tau后}$ 的计算。

根据前述已求得的汇流时间 τ，通过式（3-37），即

$$H_{\tau p面}=S_p\tau^{1-n_p} \tag{3-37}$$

计算最大 τ 时段设计毛雨量，然后扣除 τ 时段的损量 $\overline{f}_{24}\tau$，即可得最大 τ 时段的设计净雨深 $h_{\tau p}$，见式（3-38），即

$$h_{\tau p}=H_{\tau p面}-\overline{f}_{24}\tau \tag{3-38}$$

在最大 24h 的净雨过程中，截取连续 τ 时段最大净雨，若 τ 时段净雨不等于计算的 $h_{\tau p}$，其不足或多余部分应从相邻较大时段净雨中进行取舍，以此来确定最大 τ 时段净雨深（径流深）位置。将 τ 时段前的净雨量累加可得 $h_{\tau前}$，τ 时段后的净雨量相累加得 $h_{\tau后}$。最大 24h 净雨 $h_{24}=h_{\tau前}+h\tau+h_{\tau后}$。

【例 3-9】 已知甲水库 $\tau=11.04h\approx 11h$，$H_{\tau p面}=339.8mm$，$h_\tau=290.1mm$，求该水库最大 24h 分段净雨量，计算成果列入表 3-24 中。

解：在表 3-24 设计净雨过程中选出最大 $\tau=11h$ 历时雨量为 $h_{7-17}=300.8mm$（时程 7～17h），令其等于 $h_\tau=290.1mm$，尚多余 10.7mm，计入 τ 后时段（时程 18～24h）即 $h_{\tau后}=10.7+43.2=53.9(mm)$。剩下的 1～6 时段的净雨就是 $h_{\tau前}=4.6mm$。

表 3－24　　甲水库最大 24h 分段净雨量计算表

项目＼时段	1	2	3	4	5	6	7	8	9	10	11	12
占 H_6 %							21.1	21.6	20.8	10.5	13.5	12.5
占 $(H_{24}-H_6)$%	2.3	2.8	2.0	3.1	2.3	3.9						
设计毛雨过程/mm	4.3	5.2	3.7	5.7	4.3	7.2	57.0	58.3	56.2	28.3	36.5	33.7
$f\times1$/mm	4.5	4.5	4.5	4.5	4.5	4.5	4.5	4.5	4.5	4.5	4.5	4.5
设计净雨过程/mm	0	0.7	0	1.2	0	2.7	52.5	53.8	51.7	23.8	32.0	29.2

项目＼时段	13	14	15	16	17	18	19	20	21	22	23	24
占 H_6 %												
占 $(H_{24}-H_6)$%	7.4	6.8	7.6	9.2	12.3	8.7	7.1	6.1	5.9	4.8	4.4	3.3
设计毛雨过程/mm	13.7	12.6	14.1	17.1	22.8	16.1	13.2	11.3	10.9	8.9	8.2	6.1
$f\times1$/mm	4.5	4.5	4.5	4.5	4.5	4.5	4.5	4.5	4.5	4.5	4.5	4.5
设计净雨过程/mm	9.2	8.1	9.6	12.6	18.3	11.6	8.7	6.8	6.4	4.4	3.7	1.6

(3) 最大 3d 内分段雨量。

工程地点所在分区的最大 3d 内设计雨型，可通过表 3－18 查求。为简化计算，次洪峰暴雨分配时段可用 1d 表示。将查得的雨型除最大 24h 之外的另外 2d 各天分配百分数分别求出，即可算出各天的净雨总量。

【例 3－10】 资料同前例，已知 $\overline{f}_{3d}=2.5$mm/h，$H_{3dp}=639.1$mm，$h_{24p}=348.6$mm，试求甲水库最大 3d 内分段雨量。

解： 选取东江中下游分区（工程在此分区）暴雨时程分配为甲水库的设计雨型，求得最大 24h 外的另 2d 各天的分配百分数分别为：第一天占 73.5%；第三天占 26.5%。3d 净雨总量 $h_{3d}=H_{3dp面}-\overline{f}_{3d}\times72=639.1-2.5\times72=459.1$(mm)。除最大 24h 外另 2d 的净雨总量 $h_{3d}-h_{24}=459.1-348.6=110.5$(mm)。第一天净雨总量 $h_{1d}=110.5\times73.5\%=81.2$(mm)。第三天净雨总量 $h_{3d}=110.5\times26.5\%=29.3$(mm)。

3. 分段单元设计洪水总量

(1) 最大 24h 洪水分段洪量。

最大 24h 洪水过程中，分段单元洪水总量分别为最大 τ 时段洪水总量 W_τ、最大 τ 时段之前的洪水总量 $W_{\tau前}$、最大 τ 时段之后的洪水总量 $W_{\tau后}$。其计算式为

$$W_t=1000h_tF \qquad (3-39)$$

【例 3－11】 已知 $F=295\text{km}^2$，其他资料详见［例 3－9］，试求甲水库最大 24h 洪水分段洪量。

解： 由［例 3－9］知，$h_\tau=290.1$mm，$h_{\tau前}=4.6$mm，$h_{\tau后}=53.9$mm，各分段单元洪水洪量如下：

$W_\tau=1000h_\tau F=1000\times290.1\times295=8558$（万 m^3）

$W_{\tau前} = 1000h_{\tau前} F = 1000 \times 4.6 \times 295 = 136$（万 m^3）

$W_{\tau后} = 1000h_{\tau后} F = 1000 \times 53.9 \times 295 = 1590$（万 m^3）

（2）最大 3d 洪水分段洪量。

最大 3d 洪水总量中，除最大 24h 洪量外，其余 2d 各天的洪水分段洪量 W_{id}，也可用前面求得的各天净雨量 h_{id}，应用式（3－39）计算。

【例 3－12】 资料同前算例，求甲水库最大 3d 分段洪量。

解： 已知第一天净雨 $h_{1d}=81.2\text{mm}$，$h_{3d}=29.3\text{mm}$，$F=295\text{km}^2$，代入式（3－39）分别求得第一天、第三天分段洪量如下：

第一天分段洪量：$W_{1d}=1000h_{1d}F=1000\times81.2\times295=2395$（万 m^3）

第三天分段洪量：$W_{3d}=1000h_{3d}F=1000\times29.3\times295=864$（万 m^3）

4. 设计洪水过程线推求

（1）主洪峰过程线推求。

最大 τ 时段净雨形成主洪峰洪水过程，对工程规模与防洪安全起主要作用。选用地区站点的实测单峰洪水过程线，分割基流后，以 $\frac{Q_i}{Q_m}$ 为纵轴、$\frac{t_i}{\tau}$ 为横轴，点绘主洪峰概化洪水过程线，如图 3－5 所示。广东省采用的综合概化洪水过程线见表 3－25，洪峰过程线绘成 6 点折腰多边形。

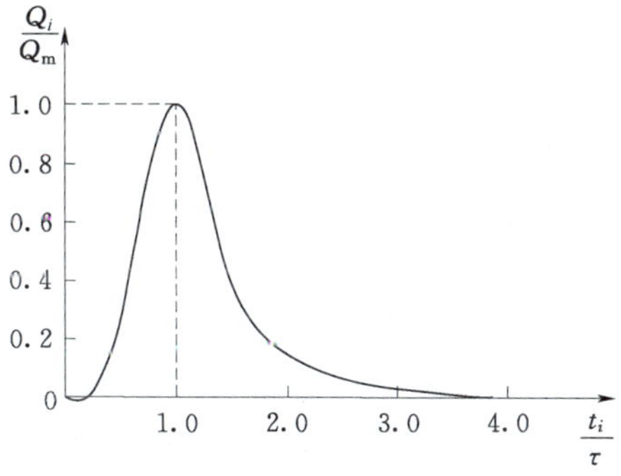

图 3－5 主洪峰概化洪水过程线示意图

表 3－25 **广东省主洪峰综合概化洪水过程线**

$\frac{t_i}{\tau}$	0	0.4	1.0	2.0	3.0	4.0
$\frac{Q_i}{Q_m}$	0	0.10	1.0	0.11	0.04	0

（2）次洪峰过程线的推求。

其他分段单元洪峰称为次洪峰，峰值相对较小，主要是洪量对防洪安全起控制作用。为简化计算，在最大 24h 净雨过程中，除去最大 τ 时段净雨形成的主洪峰过程，最大 τ 时段前及后的净雨分别形成次洪峰过程。次洪峰过程采用比较简单的三角形过程线，次洪峰流量 Q_{mi} 按式（3－40）计算，即

$$Q_{mi}=\frac{2W_i}{(t+\tau)\times3600} \tag{3－40}$$

式中 W_i——分段单元洪水过程的洪量，m^3；

Q_{mi}——分段单元洪水过程的洪峰流量，m^3/s；

t——降雨历时，h；

τ——主洪峰汇流历时，h。

3d 净雨形成的洪水过程线，除了最大 24h 外，其余 2d 的净雨形成的次洪峰过程可按天简化，简化成两个单元三角形洪水过程。

（3）设计洪水过程线的绘制。

主洪峰流量 Q_m 放在 τ 时段的终点，主峰前的分段洪峰值放在分段降雨的终点，主峰后的分段洪峰放在该分段降雨开始后的 τ 时段终点。将主洪峰多边形过程线及次洪峰三角形过程线点绘于方格纸上，并将重叠部分叠加起来，叠加以后的过程线便是设计洪水过程线。

（4）设计洪水过程线的摘录。

在求得设计洪水过程线后，摘录其洪水流量，便可进行水库洪水调节计算。根据表 3-26 选用适宜的摘录时段 Δt，在设计洪水过程线上自洪峰流量发生时刻向前、向后摘录洪水流量，供调洪计算之用。

表 3-26　　广东省不同集水面积适宜计算时段 Δt 表

集水面积/km²	<5	5~15	15~100	100~350	350~1000
适宜计算时段 Δt /h	1/3	1/2	1	2	3

（七）参考算例

1. 基本资料

（1）集水区域下垫面情况。

乙水库位于粤西沿海某河上游。集水区域内大部分属高丘陵，局部为低山和低丘，土壤以壤土为主。土壤的透水性及植被情况均属中等。

（2）工程设计标准。

乙水库属于中型工程，根据工程具体情况采用正常运用标准为百年一遇（$P=1\%$），非常运用标准为千年一遇（$P=0.1\%$）。

（3）工程集水区域地理参数。

根据五万分之一航测地形图量算，该区域集水面积 $F=21.7\text{km}^2$；干流河长 $L=8.3\text{km}$；干流坡降 $J=0.04$；集水区域平均高程 $\overline{Z}=201\text{m}$；集水区域地形特征参数 $\theta=\dfrac{L}{J^{1/3}}=24.3$。

（4）本工程集水区域位于《广东省暴雨径流查算图表》分区的粤西沿海分区漠阳江亚区，应采用粤西沿海设计雨型；暴雨高区 α_t-t-F 关系图；粤西沿海产流参数；大陆地区推理公式法汇流参数 $m-\theta$ 关系。

2. 设计暴雨计算

（1）设计点暴雨量计算。

1）据年最大 1h、6h、24h、3d 点暴雨统计参数（均值、C_v）等值线图，查得集水区域中心点的各历时暴雨参数 $\overline{H_t}$、C_{vt} 列入表 3-27 中的第 1、第 2 行。

2）根据 P-Ⅲ型曲线 K_p 值表，取 $C_s=3.5C_v$，查出各历时暴雨 $P=1\%$ 的 K_{tp} 值，列于表 3-27 中的第 3 行。

3）按公式 $H_{tp}=\overline{H}_t\times K_{tp}$ 计算 $P=1\%$ 各历时点暴雨量 H_{tp}，列于表 3-27 中的第 4 行。

（2）设计面暴雨量计算。

1）根据本工程集水面积，查暴雨高区点面换算系数 α_t-历时 t-集水面积 F 关系图，得各历时的点面换算系数 α_t，列于表 3-27 中的第 5 行。

2）按公式 $H_{tp面}=H_{tp}\times\alpha_t$ 计算 $P=1\%$ 各历时面暴雨量 $H_{tp面}$ 列于表 3-27 中的第 6 行。

3）n_p、S_p 的估算。

根据以上求得的设计面雨量和本工程集水面积，初估汇流历时 τ 在 1～6h 时段范围内，按式（3-30）计算 n_p、S_p，结果列于表 3-27 中的最后一列。

表 3-27　　设计暴雨量及暴雨参数计算表

项目		t/h				n_p、S_p 的估算
		1	6	24	72	
1	$\overline{H}_t$	73	159	246	334	$1-n_{p(1-6)}=\dfrac{\lg(H_{6p面}/H_{1p面})}{\lg 6}=0.578$ $S_p=H_{1p面}=162.1\text{mm}$
2	C_{vt}	0.41	0.55	0.65	0.58	
3	K_{tp}	2.35	2.97	3.43	3.10	
4	H_{tp}	171.6	472.2	843.8	1035.4	
5	α_t	0.945	0.967	0.985	0.987	
6	$H_{tp面}$	162.1	456.6	831.1	1021.9	

3. 设计洪峰流量推求

（1）产流参数。

该工程属粤西沿海分区，集水面积为 21.7km²，查表 3-19 广东省分区产流参数表，得平均后损率 $\overline{f}_{24}=5.5\text{mm/h}$，$\overline{f}_{3d}=2.9\text{mm/h}$。

（2）汇流参数 m。

该水库集水面积内大部分属高丘陵，部分为低山和低丘，但因 $\theta=24.3<100$，$J=0.04>0.01$，可考虑作为山区类选用汇流参数。根据 $\theta=24.3$，查附图 3 所示的汇流参数 m-θ 关系图的大陆地区 m-θ 关系线，选定 $m=1.14$。

（3）设计洪峰流量 Q_m 的推求。

1）Q_m-t 关系曲线。

a. 汇流历时 τ 估计在 1～6h 时段范围内，已求得 $1-n_{p(1-6)}=0.578$，$S_p=162.1\text{mm}$。假设 4 个时段 $t=0.5$h、1.0h、1.5h、2.0h，按公式 $H_{tp面}=S_p t^{1-n_{p(1-6)}}$ 计算 $P=1\%$ 的 t 时段面雨量 $H_{tp面}$，列于表 3-28 中的第 2 列。

b. 以 $H_{tp面}$ 扣除相应历时损失量 $\overline{f}_{24}t$，得时段净雨量 $h_{tp面}=H_{tp面}-\overline{f}_{24}t$，并计算净雨强度 $h_{tp面}/t$，分别列于表 3-28 中的第 5、6 列。

c. 计算相应于 t 的最大流量 $Q_m=0.278\dfrac{h_t}{t}F$，列于表 3-28 中的第 7 列。

d. 据表 3-28 中的 t 与相应的 Q_m 在方格纸上点绘 Q_m-t 关系曲线。

表 3-28　　乙水库 Q_m-t 关系计算表

t /h	$H_{tp面}$ /mm	$\bar{f}$ /(mm/h)	$\bar{f}\times t$ /mm	$h_{tp面}$ /mm	$h_{tp面}/t$ /(mm/h)	Q_m /(m^3/s)
0.5	108.6	5.5	2.8	105.8	211.6	1276
1.0	162.1	5.5	5.5	156.6	156.6	945
1.5	204.9	5.5	8.3	196.6	131.1	791
2.0	242.0	5.5	11.0	231.0	115.5	697

2) $Q_m-\tau$ 关系曲线。

a. 已选定 $m=1.14$，$\theta=\dfrac{L}{J^{1/3}}=24.3$，假设 3 个洪峰流量 $Q_m=1100m^3/s$、$800m^3/s$、$500m^3/s$，应用公式 $\tau=\dfrac{0.278L}{mJ^{1/3}Q_m^{1/4}}=\dfrac{0.278\theta}{mQ_m^{1/4}}$ 计算相应的汇流历时 τ，列于表 3-29 中的第 2 行。

b. 据表 3-29 中的 Q_m 与相应的 τ，在 Q_m-t 曲线图上点绘 $Q_m-\tau$ 关系曲线。

表 3-29　　乙水库 $Q_m-\tau$ 关系计算表

Q_m /(m^3/s)	500	800	1100
τ /h	1.25	1.11	1.03

3) Q_m、τ 值的确定。Q_m-t、$Q_m-\tau$ 两条曲线交点的纵、横坐标即为所求的 Q_m、τ。由图 3-6 得 $Q_m=915m^3/s$，$\tau=1.076h\approx1.1h$。τ 值确在 1～6h 时段范围内，估算的 $n_{p(1-6)}$、S_p 正确，不用重新计算。

4. 设计洪水过程线的绘制与摘录

(1) 设计毛雨过程的计算。

由表 3-17 所示的广东省分区最大 24h 设计雨型（暴雨时程分配）表，查得粤西沿海设计雨型，列于表 3-30 中的第 1、第 2 行。由表 3-27，$P=1\%$，$H_{6p面}=456.6mm$，$H_{24p面}=831.1mm$，则 $H_{24p面}-H_{6p面}=374.5mm$。以 $H_{6p面}$ 乘以表 3-30 中第 1 行第 13～18 时段的百分数得第 13～18 时段的毛雨，列于表 3-30 中第 3 行。以（$H_{24p面}-H_{6p面}$）乘以表 3-30 第 2 行 1～12 及 19～24 时段的百分数得相应时段的毛雨，列于表 3-30 中第 3 行。

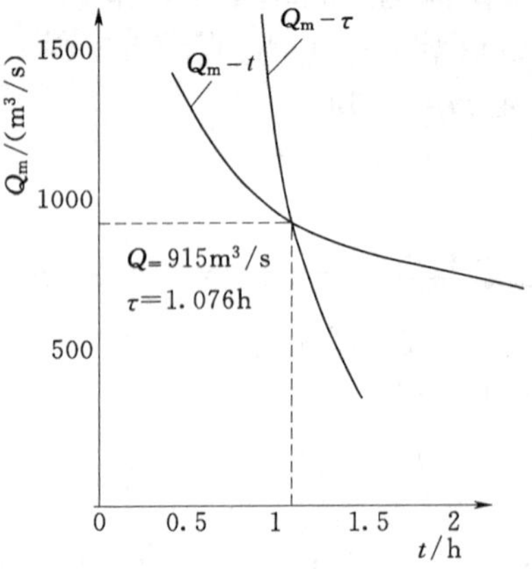

图 3-6　乙水库 Q_m-t、$Q_m-\tau$ 关系曲线

(2) 设计净雨过程的计算。

将各个时段的毛雨减去 $\bar{f}_{24}\times1=5.5mm$，即得各时段净雨，列于表 3-30 中第 5 行。

(3) 分段净雨的计算。

1) 最大 24h 内分段净雨。

最大 τ 时段毛雨 $H_{\tau p}=S_p\tau^{1-n_{p(1-6)}}=162.1\times 1.076^{0.578}=169.1$（mm）

最大 τ 时段净雨 $h_\tau=H_{\tau p面}-\overline{f}\tau=169.1-5.5\times 1.076=163.2$（mm）

表 3-30　　乙水库最大 24h 分段净雨量计算表

项目＼时段	1	2	3	4	5	6	7	8	9	10	11	12
占 H_6 %												
占（$H_{24}-H_6$）%	4.3	4.1	3.2	3.0	2.0	1.9	2.8	6.1	5.8	8.6	12.2	13.8
设计毛雨过程/mm	16.1	15.4	12.0	11.2	7.5	7.1	10.5	22.8	21.7	32.2	45.7	51.7
$\overline{f}\times 1$/mm	5.5	5.5	5.5	5.5	5.5	5.5	5.5	5.5	5.5	5.5	5.5	5.5
设计净雨过程/mm	10.6	9.9	6.5	5.7	2.0	1.6	5.0	17.3	16.2	26.7	40.2	46.2
项目＼时段	13	14	15	16	17	18	19	20	21	22	23	24
占 H_6 %	16.9	15.6	15.2	15.2	17.8	19.3						
占（$H_{24}-H_6$）%							10.8	4.3	3.7	4.6	4.3	4.5
设计毛雨过程/mm	77.2	71.2	69.4	69.4	81.3	88.1	40.4	16.1	13.9	17.2	16.1	16.9
$\overline{f}\times 1$/mm	5.5	5.5	5.5	5.5	5.5	5.5	5.5	5.5	5.5	5.5	5.5	5.5
设计净雨过程/mm	71.1	65.7	63.9	63.9	75.8	82.6	34.9	10.6	8.4	11.7	10.6	11.4

由表 3-30 可见，最大的第 18 时段净雨仅 82.6mm，比最大 τ 时段的净雨 $h_\tau=163.2$mm 少 80.6mm。不足的净雨从相邻较大时段即第 17 时段净雨补足，但第 17 时段净雨仅 75.8mm，尚差 4.8mm，继续从相邻较大时段，即第 16 时段净雨补足。故 τ 时段的终止时间为第 18 时段末，而开始时间则为 18 时段末以前的 τ 小时，即 16.9 时。（如果相邻较大时段净雨是在第 19 时段，则 τ 时段的开始时刻在第 18 时段初，终止时间则为 18 时段初以后的 τ 小时，即 18.1 小时。）则在最大 24h 的净雨中，最大 τ 时段之前的净雨为 1～17 时段的净雨总量减去 80.6mm，即 $h_{\tau前}=518.9-80.6=448.3$（mm）；最大 τ 时段之后的净雨量为第 19～24 时段的净雨量之和，即 $h_{\tau后}=87.6$mm。最大 24h 净雨总量 $h_{24}=h_{\tau前}+h_\tau+h_{\tau后}=699.1$mm。

2）最大 3d 内分段净雨。

由表 3-18 所示的广东省分区最大 3d 设计雨型（暴雨时程分配）表，查得粤西沿海设计雨型，除最大 24h 以外的其余 2d 各天的总分配数第一天为 51.3%，第三天为 48.7%。

最大 3d 净雨总量 $h_{3d}=H_{3dp面}-\overline{f}_{3d}\times 72=1021.9-2.9\times 72=813.1$（mm）

除最大 24h 以外的其余 2d 净雨总量 $h_{3d}-h_{24}=813.1-699.1=114$（mm）

第一天净雨总量 $h_{第一天}=114\times 51.3\%=58.5$（mm）

第三天净雨总量 $h_{第三天}=114\times 48.7\%=55.5$（mm）

（4）主洪峰过程线的推求。

由表 3-25 所示的广东省主洪峰综合概化洪水过程线表所列 t_i/τ 及 Q_i/Q_m，代入前面已求的 $Q_m=915m^3/s$，$\tau\approx 1.1h$，计算得主洪峰过程线，并将 t_i 加最大 τ 时段降雨开始时刻 40.9 时，得出绘图的对应时刻，见表 3-31。

表 3-31 乙水库主洪峰过程线计算表

t_i/τ	0	0.4	1.0	2.0	3.0	4.0
t_i /h	0	0.44	1.1	2.2	3.3	4.4
Q_i/Q_m	0	0.1	1.0	0.11	0.04	0
Q_i /(m^3/s)	0	91.5	915	100.7	36.6	0
相应时刻/h	40.9	41.3	42	43.1	44.2	45.3

（5）分段单元洪水过程线的推求。

$h_{\tau前}$、$h_{\tau后}$以及第一天和第三天净雨$h_{第一天}$、$h_{第三天}$形成的各分段单元洪水过程线均分别概化为三角形，其洪水总量$W_i=1000h_iF$，洪峰流量$Q_{mi}=\dfrac{2W_i}{(t+\tau)\times3600}$，底宽为$t+\tau$。其计算见表 3-32。

表 3-32 乙水库分段单元洪水过程线计算表

洪峰序号	降雨起讫时间	降雨历时 t /h	净雨量 h_i /mm	单元洪水总量 W_i /万 m^3	单元洪峰历时 $t+\tau$ /h	单元洪峰流量 Q_{mi} /(m^3/s)	单元洪水过程线起讫时间/h		
							起始	峰顶	终止
1（第一天）	0～24	24	58.5	126.95	25.1	28.1	0	24	25.1
2（$\tau_{前}$）	24～40.9	16.9	448.5	972.8	18	300.2	24	40.9	42
3（$\tau_{后}$）	42～48	6	87.6	190.1	7.1	148.7	42	43.1	49.1
4（第三天）	48～72	24	55.5	120.4	25.1	26.6	48	49.1	73.1

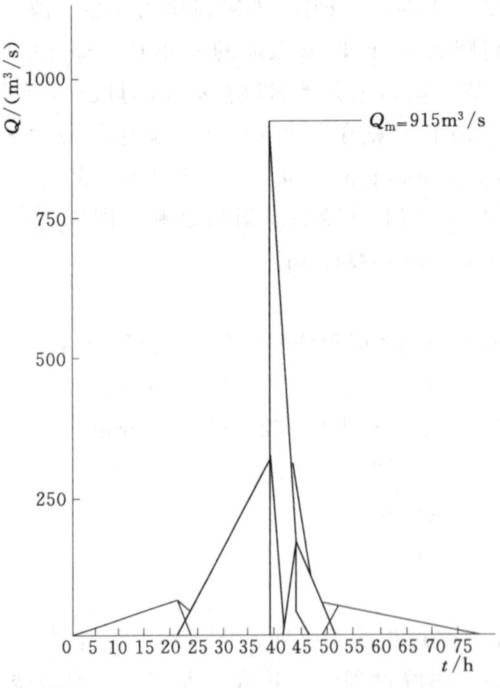

图 3-7 乙水库 $P=1\%$设计洪水过程线

（6）设计洪水过程线的绘制。

将主洪峰放在最大τ时段降雨的终点（本例为最大 24h 的第 18h 段末，相应时刻为 42 时）；主洪峰前的分段洪峰$Q_{m一}$及$Q_{m\tau前}$放在分段降雨的终点（本例为第一天末及最大 24h 之第 16.9h 末，即 24 时及 40.9 时）；主洪峰后的各分段洪峰$Q_{m\tau后}$及$Q_{m三}$放在分段降雨开始后的τ时段终点（本例为最大 24h 的第 19.1h 末及第三天开始后的 1.1h，即 43.1 时及 49.1 时）；见表 3-32。将主洪峰过程线及分段单元洪水过程线点绘于相应位置，然后叠加得整个洪水过程线，如图 3-7 所示。

（7）设计洪水过程线的摘录。

根据水库集水面积 21.7km^2，查表 3-26 广东省不同集水面积适宜计算时段Δt表，得适宜计算时段$\Delta t=1h$。在洪水过程线上自主洪峰流量发生时刻向前、向后按$\Delta t=1h$间隔摘录流量，以供调洪演算之用。

项目四 水库兴利调节计算

项目训练4

二乙水库位于龙门县增江上游，处于高明河、地派水和雷田水汇合口，集水面积$F=472\text{km}^2$，坝址下游2km处设有水文站，可以直接移用该站水文资料。流域内植被良好，河床坡降陡峻。二乙水库以防洪为主，结合发电灌溉，属综合利用水库。

一、资料

（1）来水资料。多年平均降雨量$\overline{H}=2004\text{mm}$，多年平均流量$\overline{Q}=18.9\text{m}^3/\text{s}$，$P=90\%$的设计年的来水过程见表4-1。

表4-1　设计年的来水过程

月份	1	2	3	4	5	6	7	8	9	10	11	12
$W_{来}$/万m^3	1303	1051	672	2170	8247	6671	3047	3835	2810	1765	2022	1639

（2）发电用水和灌溉用水矛盾不大，设计保证率$P=90\%$，按完全年调节计算。

（3）泥沙资料。悬移质泥沙含沙量$\rho=0.255\text{kg/m}^3$；入库泥沙留在水库中的相对值$m=1$；泥沙密度$\gamma=2400\text{kg/m}^3$；泥沙孔隙度$\delta=0.35$；推移质按悬移质的10%计算。水库设计使用年限$T=100$年。

（4）蒸发资料。水面蒸发量$E_{测}=1650\text{mm}$，蒸发器折算系数$K=0.8$，水库蒸发月分配百分比见表4-2。

表4-2　水库蒸发月分配百分比表

月份	1	2	3	4	5	6	7	8	9	10	11	12	全年
百分比/%	6.8	5.3	7.1	7.6	9.3	8.3	10.4	9.8	9.7	9.8	8.8	7.1	100

（5）渗漏损失资料。水文地质条件良好，渗漏损失以月平均库容的1%计算。

（6）水库特性曲线。见表4-3。

表4-3　Z-F、Z-V关系曲线

水位Z/m	97.0	110.0	115.0	120.0	125.0	130.0	135.0	140.0
面积F/万m^2	0.00	54	102	206	328	401	479	589
容积V/万m^3	0.00	234	618	1373	2693	4513	6713	9383
水位Z/m	145.0	150.0	155.0	160.0	165.0	170.0	175.0	
面积F/万m^2	719	925	1081	1262	1490	1983	2559	
容积V/万m^3	12643	16743	21753	27603	34483	43133	54463	

(7) 发电压力水管外径初定 $D_{外}=3m$，管底超高暂定 1m，管顶安全水深暂定 1m。

(8) 发电最低水头要求。死水位最好在 130m 高程。

二、要求

推求二乙水库死库容、死水位、兴利库容和正常蓄水位。

三、计算步骤及提示

(一) 推求死库容及死水位

(1) 按泥沙淤积要求计算淤积库容及淤积水位。

(2) 根据淤积水位确定死水位，计算公式为

$$Z_{死}=Z_{淤}+管底超高+压力管外径+管顶安全水深 \tag{4-1}$$

(3) 根据发电、淤积等要求，选其中水位较高者为死水位，其相应库容定为死库容。

(二) 兴利调节计算

1. 设计用水过程

要求完全年调节，均匀用水过程，不计入损失时，用式 (4-2) 计算（以万 m^3 为单位，取整数）每月的用水量，即

$$W_{用}=\frac{W_p}{12} \tag{4-2}$$

式中　W_p——设计年的来水总量。

2. 蒸发损失计算

3. 不计入损失兴利调节列表计算

4. 计入损失兴利调节列表计算

计入损失列表计算时，要重新计算每月用水量，即

$$W_{用}=\frac{W_p-W_{损}}{12} \tag{4-3}$$

式中　$W_{损}$——设计年的年损失水量。

5. 推求水库的正常蓄水位及兴利库容

知识链接 4

一、水库的调节作用

河川径流在时间上分配不均，汛期水量充沛，一般超过用水量，甚至造成洪涝灾害；而枯水期常常不够用。因此，河流天然来水与人类的生产、生活用水要求之间存在矛盾，党的二十大报告指出，要“增进民生福祉，提高人民生活品质，鼓励共同奋斗创造美好生活，不断实现人民对美好生活的向往。”水库是调节天然来水，解决来水与用水之间矛盾的有效工程措施。修建水库能够调蓄水量，抬高水位，改变天然来水过程，以适应国民经济各部门的用水要求。为了满足人类的需要，利用水库控制径流并重新分配径流称为径流调节。其中，提高枯水期（枯水年）的供水量，满足工、农业以及生活用水等兴利要求而进行的调节称为兴利调节；拦蓄洪水、削减洪峰，减免或减少洪水灾害的调节称为防洪调节。

二、水库兴利调节类别

水库由库空到库满再回到库空，循环一次所经历的时间，称为水库的调节周期。水库常按调节周期的长短来分类，可分为日调节、周调节、年调节和多年调节等类型。

1. 日调节及周调节

日调节和周调节是短期调节，一般用于水力发电水库。河川径流在1天或一周内的变化通常不大，而电力系统的用电负荷在白天和夜晚，工作日与休假日之间，常差异较大。水库可以在夜间或休假日负荷低时，将多余的水量蓄存起来。白天或工作日负荷高时，利用蓄存的水量增加发电量。这种在1天、一周内将径流进行重新分配的调节称为日调节、周调节。

4-1

水库的作用、分类、特性曲线

2. 年调节

我国河流的年内季节变化较大，有丰水期和枯水期之分。一年内将丰水期多余水量存蓄在水库中供枯水期用，称为年调节。年调节水库分为完全年调节和不完全年调节。一年内，当天然来水通过水库调节，完全按用水要求重新分配而没有弃水，称为完全年调节。当一年的来水总量大于用水总量，通过水库调节满足了用水要求后有弃水，称为不完全年调节。完全年调节和不完全年调节的概念是相对的。完全年调节水库一般指遇到设计枯水年时没有弃水，而在一般枯水年份或丰水年份会发生弃水。

3. 多年调节

当设计年的来水量小于年用水量，通过年调节水库的调节，满足不了用水的要求。这时须把丰水年多余的水量拦蓄在水库中，补充枯水年不够的水量。这种调节周期为多年的跨年度调节称为多年调节。

水库的兴利调节能力通常可用库容系数 β 来反映，β 的计算式为

$$\beta=\frac{V_{兴}}{\overline{W}_{年}} \tag{4-4}$$

式中 $V_{兴}$——水库的兴利库容；

$\overline{W}_{年}$——多年平均年径流总量。

一般来说，库容系数 β 越大，水库的调节周期就越长，调节径流的程度就越高。多年调节水库由于库容系数 β 较大，可同时进行年、周和日的径流调节。年调节水库可同时进行周和日的短周期径流调节。

三、水库兴利调节所需的基本资料

水库兴利调节是通过水库工程解决河川径流天然来水与国民经济各部门兴利用水之间的矛盾，达到合理利用水资源的目的。因此，进行水库的兴利调节，必须具有水库、河川径流天然来水和用水3个方面的资料。

1. 水库资料

其主要有水库库区地形图，水库的面积和容积特性曲线，水库的蒸发和渗漏损失，水库运行期的淤积、淹没和浸没等基本资料。这些资料通常是根据水库库区地形资料、水文地质资料以及淹没和可能浸没的社会调查材料来分析确定的。

2. 河川径流天然来水资料

河川径流天然来水资料，是兴利调节的基本依据。由于水文现象的随机性，所以

预估水库未来的水文情势，是借助于过去的径流观测资料。径流调节也是利用水文站观测的径流资料，预估水库设计条件下的来水情况。通常选用观测年限长、代表性好的径流资料推求水库未来运行期间的水文情势和来水特征。

3. 用水资料

国民经济各兴利部门的用水要求主要包括农业灌溉、水力发电、工矿企业、城镇供水、航运等方面的用水资料，是兴利调节的又一依据。为了确定用水过程，需要掌握用水部门的用水情况，在用水调查的基础上，作出用水预测，得出水库设计条件下的用水过程。

四、水库特性曲线

在河流上拦河筑坝形成水库进行径流调节，对一座水库而言，水位高则水库面积大，库容也大。不同水库水位的相应水库面积和库容、水库的地形特性直接影响径流调节计算。水库地形特性定量的表示方法，就是绘制水库特性曲线，即水库水位-面积关系曲线和水位-容积关系曲线。

1. 水库水位-面积关系曲线

水库水位-面积关系曲线，简称水库面积曲线。某一水位的水面面积，等于地形图上相应水位的等高线与坝轴线所包围的面积。一般可根据设计要求选取合适比例尺的库区地形图，用求积仪或方格法量算出不同水位的水库面积。然后以水位为纵坐标，水库面积为横坐标，画出水库水位-面积关系曲线。

2. 水库水位-容积关系曲线

水库水位-容积关系曲线，简称水库容积曲线。其绘制方法为：按水库面积曲线中的水位分层，自库底向上逐层计算各相邻高程间的容积 ΔV，ΔV 可采用式（4－5）计算，即

$$\Delta V=\frac{1}{2}(F_1+F_2)\Delta Z \tag{4-5}$$

式中　F_1，F_2——相邻水位相应的水库面积，m^2；

ΔZ——相邻水位差，m。

或

$$\Delta V=\frac{1}{3}(F_1+\sqrt{F_1F_2}+F_2)\Delta Z \tag{4-6}$$

如果库区地形变化不大，用式（4－5）计算；如果库区地形变化较大，则用式（4－6）计算较为准确。将各相邻高程间的容积 ΔV 数值由低水位到高水位依次累加，即可求得各级水位的水库容积 V。以水位为纵坐标，水库容积为横坐标，绘制水库水位-容积关系曲线。

上述水库面积是假定水库的水面是水平的，相应的库容是静库容。一般情况下，对于库面开阔的湖泊型水库，入库流速较小时，水面曲线接近水平，以静库容计算，误差不大。但当入库流量较大，库中有一定流速时，水面并非水平。水库水面从坝址沿程上溯形成回水曲线，直至库端与天然水面相交为止，水面上翘产生一个附加的动库容。一般而言，中、小型水库按静库容进行径流调节计算，精度已能满足要求。但

在需要详细研究水库淹没、水库浸没问题和梯级水库衔接情况时，应考虑动库容的影响。

五、水库特征水位和特征库容

4-2

水库特征水位和库容

水库的规划设计，首先就要合理确定各种特征库容和相应的特征水位。具体地说，就是根据河流的水文条件、库区的地形特性和各用水部门需水及保证率要求，通过径流调节计算和经济论证比较，来确定水库的各种特征水位及相应的特征库容值。水库的特征水位和特征库容体现着水库正常工作的各种特定要求。它们是规划设计阶段确定主要水工建筑物尺寸、估算工程效益的基本依据，也是水库建成后进行运行管理的重要根据。

（一）死水位 $Z_{\text{死}}$ 和死库容 $V_{\text{死}}$

水库正常运用情况下允许消落的最低水位称为死水位，该水位以下的库容即死库容。除特殊情况外，死库容不参与径流调节，即不能运用该部分水库的水量。

（二）正常蓄水位 $Z_{\text{蓄}}$ 和兴利库容 $V_{\text{兴}}$

水库在正常运用情况下，为满足兴利要求，在设计枯水年（或枯水段）开始供水时应蓄到的最高水位称正常蓄水位 $Z_{\text{蓄}}$。正常蓄水位至死水位间的库容即为兴利库容 $V_{\text{兴}}$，又称调节库容、有效库容。正常蓄水位与死水位之间的水库深度，称为消落深度或工作深度。

（三）防洪特征水位及特征库容

兴建水库后，为了汛期安全泄洪，要求有一定库容作为削减洪峰、拦蓄洪水之用，称为调洪库容。这部分库容在汛期应该经常留空，以备洪水到来时能及时蓄滞洪量和削减洪峰，洪水过后又再放空，以便迎接下一次洪水。

1. 防洪限制水位 $Z_{\text{限}}$

防洪限制水位，简称汛限水位，它是水库在汛期允许蓄水的上限水位。该水位以上库容，只有在发生洪水时才允许用来蓄滞洪水。在整个汛期中，一旦入库洪水消退，水库就应尽快泄流，使库水位回到防洪限制水位。当防洪限制水位低于正常蓄水位时，调洪库容与兴利库容的部分容积是重叠的，可减少专用调洪库容。在进行水库设计时，通常应根据洪水特性和水文预报条件，尽可能把汛限水位定在正常蓄水位之下。这样可以使调洪库容能部分地和兴利库容结合，以减小专用的调洪库容。

2. 设计洪水位 $Z_{\text{设洪}}$ 和设计调洪库容 $V_{\text{设洪}}$

当发生水库设计标准的洪水时，水库从防洪限制水位调节洪水在坝前达到的最高水位，称为设计洪水位。设计洪水位与防洪限制水位之间的库容称为设计调洪库容。对于无闸门控制的中、小型水库，其防洪限制水位即溢洪道堰顶高程，与正常蓄水位一致，无防洪兴利结合使用的共用库容，其设计调洪库容为设计洪水位与正常蓄水位之间的库容。

3. 校核洪水位 $Z_{\text{校洪}}$ 和校核调洪库容 $V_{\text{校洪}}$

当发生水库校核标准的洪水时，在坝前达到的最高水位，称为校核洪水位。校核洪水位与防洪限制水位之间的库容称为校核调洪库容。无闸门控制的中、小型水库，起调水位与正常蓄水位齐平，其正常蓄水位至校核洪水位之间的库容为校核调洪库容。

4. 防洪高水位 $Z_{防}$ 和防洪库容 $V_{防}$

当水库下游有防洪要求时，下游防护对象的设计洪水经水库调节后，在坝前达到的最高水位称为防洪高水位。防洪高水位与防洪限制水位之间的库容称为防洪库容。由于下游防护对象的防洪标准通常低于大坝设计洪水标准，防洪高水位常低于设计洪水位。

（四）总库容 $V_{总}$

校核洪水位以下的全部库容称为总库容。根据校核洪水位或设计洪水位，并按设计规范另加各自相应的安全超高和风浪爬高，即可定出坝顶高程，一般取两者的较大值。

六、水资源综合利用的意义和水库兴利用水

地面上的水主要补给方式是降水，由于降水在年内和年际分布的不均，雨水较丰年份或丰水期常会出现暴雨，对某些地区或河段造成洪涝灾害；雨水较枯年份或枯水期，久旱无雨，形成旱灾。洪灾和旱灾都会影响到经济生产或威胁人民生命财产的安全。为了达到除水害兴水利的目的，包括防洪、治涝、灌溉、水力发电、工业民用给水、航运、渔业和水环境保护等，人们千方百计地兴修水利工程，各种水利工程，往往是根据上述某一项或几项的需求而兴建的。

国民经济不同的用水部门，利用水资源的方式也不同。农业灌溉、城市用水都消耗一定的用水量，水力发电是利用水能，航运和渔业主要是利用水体的存在。但这些用水部门之间在用水量和用水时间上存在着一定的矛盾。将同一河流或同一地区的水资源，分清主次，一水多用，同时满足多个兴利用水部门的需求，并且将除水害和兴水利结合起来统筹规划。这种水资源的开发方式就称为水资源的综合利用。

（一）灌溉用水

农作物适宜水分的保持，除了大气有效降水补给外，还需从农田水利设施中不断提供补充，以弥补天然降水在时间上和数量上的不足，这就是灌溉用水。

1. 灌溉设计标准

一般来说，丰水年水库的来水量较多，灌溉用水量较少，而枯水年则相反。如果所有枯水年的灌溉用水都要求水库给予满足，是非常困难的，而且经济上也不合理。因此，只能做到设计枯水年保证灌溉用水量，特别枯水年仅减轻旱灾对农业的损失。至于在什么情况下保证农业灌溉用水、保证程度如何，这就是灌溉设计标准问题。

灌溉设计标准，考虑灌溉用水在国民经济中的作用及工程费用等多种因素，综合分析拟定，通过灌溉设计保证率来体现。灌溉设计保证率表示灌溉用水量的保证程度。灌溉设计保证率一般采用年保证率，指多年期间正常工作年数占运行总年数的百分比。灌溉设计保证率通常根据灌区土地利用和水资源情况、农作物种类、水库调节性能等因素，分析确定。具体可参照《灌溉与排水工程设计规范》（GB 50288—2018）中的规定（表 4-4）结合具体情况来决定。表 4-4 中灌溉设计保证率给定一个范围，选择的一般原则是：南方地区因水资源比较丰富，故灌溉设计保证率可较北方高；大型工程比中、小型工程高；远景规划工程较近期高。具体的选定应结合灌溉工程所在地区具体情况进行。

表 4-4　　　　灌 溉 设 计 保 证 率

灌水方法	地区	作物种类	灌溉设计保证率/%
地面灌溉	干旱地区或水资源紧缺地区	以旱作为主	50～75
		以水稻为主	70～80
	半干旱、半湿润地区或水资源不稳定地区	以旱作为主	70～80
		以水稻为主	75～85
	湿润地区或水资源丰富地区	以旱作为主	75～85
		以水稻为主	80～95
喷灌、微灌	各类地区	各类作物	85～95

2. *灌溉制度*

设计灌溉工程，需要求出灌溉用水量及其随时间的变化过程，它是根据作物灌溉制度得出的。灌溉制度是根据当地自然条件、作物组成和栽培技术，为获稳产、高产而进行的合理灌溉方法。灌水时间、灌水次数和灌水量的总和称为灌溉制度。农作物在整个生长过程中需要灌溉的次数称为灌水次数。每次单位面积的浇灌水量称为灌水定额，单位为 m^3/亩；水田也可以表示为某一次灌水的水层深度，单位为 mm。所有各次灌水定额之和称为灌溉定额，单位为 m^3/亩。由于不同年份气候条件不同，作物田间需水量和灌溉制度也不同。设计枯水年的田间需水量和灌溉制度，是设计灌溉工程的主要依据。各省灌溉实验站均有不同作物的灌溉制度资料可供查阅应用。现以水稻为例说明灌溉制度的确定方法。

【例 4-1】 推求南方某灌区设计枯水年（P＝80%）的中稻灌溉制度。

解： 某地区设计枯水年的中稻灌溉制度计算见表 4-5。

（1）设计适宜水层深，各旬初、旬末水深，旬耗水量：经该灌区试验站对比观测，得出的较优方案，列于②、③、⑧、④栏。

（2）降雨量与有效降雨量。相应于设计枯水年的典型年灌溉期实测降雨量列入⑤栏。若旬降雨量大于旬耗水量，则有效降雨量＝旬耗水量＋（旬末水深－旬初水深）。例如，5 月中旬，有效降雨量＝80＋（20－20）＝80.0（mm），列入⑥栏。若旬降雨量小于旬耗水量，则有效降雨量等于降雨量。

表 4-5　　　　南方某地区设计枯水年中稻灌溉制度计算

日期		设计适宜水层深/mm	旬初水深/mm	旬耗水量/mm	降雨量/mm	有效降雨量/mm	旬灌水量/mm	旬末水深/mm	排水量/mm	旬灌水定额/(m^3/亩)	备注
月	旬										
①		②	③	④	⑤	⑥	⑦	⑧	⑨	⑩	
5	上	10～30	0	120.0	5.0	5.0	135.0	20		90	
	中	10～30	20	80.0	135.5	80.0	0	20	55.5		
	下	10～50	20	120.0	0	0	150.0	50		100	
6	上	10～50	50	105.0	40.0	40.0	75.0	60		50	
	中	20～70	60	200.0	0	0	180.0	40		120	
	下	10～50	40	135.5	10.5	10.5	105.0	20		70	

续表

日期		设计适宜水层深/mm	旬初水深/mm	旬耗水量/mm	降雨量/mm	有效降雨量/mm	旬灌水量/mm	旬末水深/mm	排水量/mm	旬灌水定额/(m^3/亩)	备注
月	旬										
①		②	③	④	⑤	⑥	⑦	⑧	⑨	⑩	
7	上	10～30	20	130.0	5.0	5.0	105.0	0		70	
	中										
	下										
合计				890.5	196.0	140.5	750		55.5	500	

注　旬末水深可根据天气、作物生长情况，在设计适宜水层深的范围内选择。

(3) 旬灌水量。旬灌水量＝（旬耗水量－旬有效降雨量）＋（旬末水深－旬初水深）。例如，6月下旬，旬灌水量＝（135.5－10.5)＋(20－40）＝105.0（mm），列于⑦栏。若有效降雨量大于或等于耗水量，则不需要灌水，如5月中旬。

(4) 排水量。排水量＝降雨量－有效降雨量，填入⑨栏。

(5) 旬灌水定额。由⑦栏灌水量深度（mm）换算为每亩用水量（m^3/亩）。例如，5月上旬，灌水定额＝0.135×666.7＝90（m^3/亩），填入⑩栏。⑩栏就是该地区设计枯水年中稻的灌溉制度。该栏之和500m^3/亩，即灌溉定额。

(6) 验算。∑④－∑⑥＝890.5－140.5＝750（mm）＝∑⑦栏。

∑⑤－∑⑥＝196.0－140.5＝55.5（mm）＝∑⑨栏。

3. *灌溉水利用系数*

水库灌溉供水量通过渠道系统流到田间，由于渗漏、蒸发损失，田间有效利用的水量就会减少。田间利用水量与水库渠首供水量之比称为灌溉水利用系数，用 η 表示。η 值的选用，应考虑各级渠道的长度、工程质量、水文地质条件、输水流量大小和灌区管理水平的因素，并参考有关灌区的实际 η 值。

4. *灌溉用水过程线*

根据作物的灌溉制度、灌溉面积和灌溉水利用系数，可推求水库供水的灌溉用水过程线。为满足作物各生长阶段需水量的要求，灌溉用水过程可按以下步骤计算：

(1) 计算综合净灌水定额。即在一定时段内全灌区各种作物的灌水定额，按相应作物的种植面积加权平均，即

$$m_{综净}=\frac{a_1}{A}m_1+\frac{a_2}{A}m_2+\frac{a_3}{A}m_3+\cdots \tag{4-7}$$

$$m_{综净}=\alpha_1 m_1+\alpha_2 m_2+\alpha_3 m_3+\cdots$$

式中　$m_{综净}$——某时段内全灌区的综合净灌水定额，m^3/亩；

a_1，a_2，a_3，…——各种作物的种植面积，亩；

m_1，m_2，m_3，…——在一定时段内各种作物的灌水定额，m^3/亩；

A——全灌区的灌溉面积，亩；

α_1，α_2，α_3，…——各种作物种植面积与全灌区灌溉面积的比值。

（2）计算综合毛灌水定额。为了保证满足田间所需的净灌水定额，就必须考虑各级渠道的输水损失。考虑输水损失的综合灌水定额称为综合毛灌水定额，按式（4-8）计算，即

$$m_{综毛}=\frac{m_{综净}}{\eta} \tag{4-8}$$

式中 $m_{综毛}$——某时段内全灌区的综合毛灌水定额，m^3/亩。

（3）计算全灌区毛灌溉用水量。用各时段的综合毛灌水定额乘以全灌区的灌溉面积，即

$$M_{毛}=m_{综毛}A \tag{4-9}$$

式中 $M_{毛}$——全灌区毛灌溉用水量，m^3。

（4）推求灌溉用水过程线。以灌溉时间为横坐标，全灌区的毛灌溉用水量为纵坐标，即可绘制灌溉用水过程线。

【例 4-2】 某水库灌区灌溉面积 $A=3$ 万亩，各种作物的种植比例 α_i 及净灌水定额见表 4-6，复种指数 $\sum\alpha_i=\alpha_1+\alpha_2+\alpha_3+\cdots=142\%$。灌溉水利用系数 η 参考有关灌区资料，选用 0.65。计算全灌区的灌溉用水量及用水过程，并绘制用水过程线。

解：（1）统计各种作物的灌溉制度。列于表 4-6 中①～⑥栏，如③栏中稻灌溉制度由表 4-5 的⑩栏得到。

（2）由式（4-7）计算 $m_{综净}$。以 7 月中旬为例

$$m_{综净}=\frac{a_1}{A}m_1+\frac{a_2}{A}m_2+\frac{a_3}{A}m_3+\cdots=7\%\times60+42\%\times60+30\%\times50$$
$$=44.4\ (m^3/亩)$$

将计算结果填于表 4-6 第⑦栏。

（3）用式（4-8）计算 $m_{综毛}$。例如，7 月中旬，$m_{综毛}=\frac{44.4}{0.65}=68.3$（$m^3$/亩），填于表 4-6 的⑧栏。

（4）用式（4-9）计算 $M_{毛}$。例如，7 月中旬，$M_{毛}=68.3\times3\times10^4=205$（万 m^3）。填于表 4-6 的⑨栏。

（5）验算。$\sum$⑦/η=$\sum$⑧；$\sum$⑧$\times A=\sum$⑨。

（6）计算时段平均流量。将⑨栏数值除以相应时段的时间秒数（s），即得该时段内的平均流量（m^3/s），填于表中⑩栏。

（7）绘用水过程线。根据表 4-6 中①栏及⑩栏数值可绘制用水过程线。

5. 灌溉用水特点

灌区所需灌溉总水量及用水过程，一般由两个因素决定。一个是灌溉面积及农作物种类，另一个就是降雨量的大小及其年内分配。如丰水年降雨量多，蒸发量小，灌溉用水量则大。灌溉用水特点为：具有明显的季节性；灌溉用水的多变性；灌溉对缺水的适应性比其他用水部门好。

表 4-6　　　　某灌区设计用水过程线推算

日期		各种作物净灌水定额/(m³/亩)					综合净灌水定额/(m³/亩)	综合毛灌水定额/(m³/亩)	全灌区毛灌溉	
月	旬	双季早稻 $\alpha_1=49\%$	中稻 $\alpha_2=14\%$	一季晚稻 $\alpha_3=7\%$	双季晚稻 $\alpha_4=42\%$	旱作物 $\alpha_5=30\%$			用水量/万 m³	流量/(m³/s)
①		②	③	④	⑤	⑥	⑦	⑧	⑨	⑩
4	上									
	中	80					39.2	60.3	181	2.1
	下									
5	上	20	90				22.4	34.5	104	1.2
	中									
	下	73.5	100				50.0	76.9	231	2.7
6	上	26.7	50				20.1	30.9	93	1.1
	中	66.7	120	80			55.1	84.8	254	2.9
	下	40	70				29.4	45.2	136	1.6
7	上		70	60	40		30.8	47.4	142	1.6
	中			60	60	50	44.4	68.3	205	2.4
	下				80		33.6	51.7	155	1.8
8	上			100			7.0	10.8	32	0.4
	中									
	下				60		25.2	38.8	116	1.3
合计		307	500	300	240	50	357.2	549.6	1649	

（二）水力发电用水

水力发电是借助于水工建筑物，集中河道天然落差并控制水量，使水的位能通过水轮机与发电机转化为电能，以满足用电户的需要。

水电站设计保证率的选择，常根据水电站所在电力系统的负荷特性，系统中水电站容量的比例、水电站的规模及其在电力系统中的作用、河流特性及水库调节程度等因素决定。根据《水电工程动能设计规范》(NB/T 35061—2015)，水电站的设计保证率可按表 4-7 所列的规定值，结合具体情况采用。装机容量小于 2.5 万 kW 的水电站，设计保证率一般采用 65%～90%，季节性的小型农村水电站可采用与灌溉相近的设计保证率。

表 4-7　　　　水电站设计保证率

电力系统中水电站容量比例/%	<25	25～50	>50
水电站设计保证率/%	80～90	90～95	95～98

（三）工业用水及民用给水

随着工业的发展和都市化的进展，工业用水及民用给水量在迅速增长。特别是华北地区供水缺口逐渐加大，城市用水问题将成为制约城市发展的关键因素。不少地方，特别是沿海地区修建了一批主要为城镇给水服务的水库工程。随着城市化的进展和经济的发展，这个趋势正逐步加强。工业用水及民用给水的特点是：要求的供水保证率较高；对水质的要求高；有日与年的周期变化。工业用水量常按产品的用水定额来计算。生活用水标准常按每一居民的每天用水量表示。根据《室外给水设计标准》（GB 50013—2018），居民生活用水定额见表 4－8。

表 4－8　平均日居民生活用水定额　单位：L/(人·d)

城市类型	超大城市	特大城市	Ⅰ型大城市	Ⅱ型大城市	中等城市	Ⅰ型小城市	Ⅱ型小城市
一区	140～280	130～250	120～220	110～200	100～180	90～170	80～160
二区	100～150	90～140	80～130	70～120	60～110	50～100	40～90
三区	—	—	—	70～110	60～100	50～90	10～80

（四）航运用水

内河航运与铁路、公路等其他运输方式比较，具有成本低、运输量大的特点。因此，在有条件的地方发展内河航运，对国民经济有重要意义。但天然河道常因航道水深不足，迫使航运吨位减小，甚至停航。除河床整治和渠化河流河道外，利用水库调节径流，以维持全段航运设计最低通航水深，是改善航道的有效办法。航运保证率指最低通航水深的保证程度，用多年历时保证率表示。在季节性通航河道则指的是通航季节内的历时保证率。航运设计保证率可根据《内河航道工程设计规范》（DG/TJ 08－2116—2012），参照表 4－9 选用。

表 4－9　设计最低通航水位的多年历时保证率

航道等级	Ⅱ	Ⅲ、Ⅳ	Ⅴ、Ⅵ、Ⅶ
多年历时保证率/%	≥98	98～95	95～90

（五）综合用水图

兴建一座水库，往往不是为了单一目的，而是同时为多个用水部门服务，综合利用水资源。中华人民共和国成立后兴建的大、中型水库，大部分是综合利用水库。这些水库除了防洪作用外，常常要满足灌溉、水力发电、城市用水、航运等部门兴利用水要求。这些部门都有各自的用水要求，将各部门的用水要求综合起来，便是总的用水要求，一般可用综合用水图表示。除了灌溉、水力发电、城市用水和航运等主要用水部门外，还有渔业、卫生、水环境保护等部门对水量的要求。

编制综合用水图，并不是将各用水部门的用水量简单地同步相加，而是要考虑到一水多用的可能性。从编制综合用水图的角度来看，主要考虑下列各点：各用水部门要求采用的用水保证率；取水地点和回泄地点；用水的年内分配；对水质的要求。

七、水库的水量损失

水库建成蓄水后，改变了河流的自然状态，水压增加，水面扩大，从而引起额外的水量损失。在进行水利水能计算时，应尽量考虑水量损失，提高计算精度。

（一）水库的蒸发损失

水库的蒸发损失是指水库兴建前后所造成的蒸发水量差值。修建水库前，除原河道是水面蒸发外，整个库区其余都是陆面蒸发，而这部分陆面蒸发量已反映在水文计算所使用的径流资料中。建库后，库区原来的陆面面积变成了水库水面面积，蒸发由原来的陆面蒸发变成水面蒸发。因水面蒸发大于陆面蒸发，所以水库蒸发损失就是指库区陆面面积变为水面面积所增加的额外蒸发量，即水面蒸发与陆面蒸发的差值。用式（4-10）计算，即

$$\Delta W_{蒸}=1000\ (E_{水}-E_{陆})\ F_{V} \tag{4-10}$$

式中　$\Delta W_{蒸}$——水库的蒸发损失量，m^3；

$E_{水}$——水面蒸发量，mm；

$E_{陆}$——陆面蒸发量，mm；

F_{V}——由于建水库增加的水面面积，m^2，因建库前的水面面积相对较小，一般采用水库水面面积，取计算时段始末的平均面积。

1. 水面蒸发量

水库的水面蒸发量为大面积水体的水面蒸发量，它与水文、气象站蒸发皿水面蒸发的水热的交换条件不同，蒸发皿观测的蒸发量一般大于大面积水体蒸发量。故水库水面蒸发量 $E_{水}$ 可用式（4-11）计算，即

$$E_{水}=KE_{测} \tag{4-11}$$

式中　$E_{测}$——蒸发皿实测水面蒸发量，mm；

K——蒸发皿折算系数，一般为0.65～0.8。

各地的蒸发皿折算系数 K 值和蒸发皿类型有关，可到水文气象部门搜集或从当地的《水文手册》中查得。当水库为多年调节水库时，$E_{测}$ 可取多年平均蒸发量；当水库为年调节水库时，$E_{测}$ 取历年中较大的年蒸发量或多年平均蒸发量。其年内分配可采用多年平均的年内分配。年内各月分配系数，可根据实测资料分析得到，或根据当地《水文手册》查取。

2. 陆面蒸发量

陆面蒸发量应为设计年的陆面蒸发量 $E_{陆}$，但流域陆面蒸发量难以观测。目前一般采用水量平衡的方法间接估算，用多年平均年陆面蒸发量 $\overline{E}_{陆}$ 来代替，即

$$\overline{E}_{陆}=\overline{H}-\overline{R} \tag{4-12}$$

式中　$\overline{H}$——流域多年平均降雨量，mm；

$\overline{R}$——流域多年平均径流深，mm。

（二）水库的渗漏损失

建库之后，由于水位抬高，水压力增大，水库库床渗漏随之加大，这部分水量对于历史径流资料是一种水量损失，故在调节计算时应予以考虑。水库的渗漏损失主要通过以下几个途径：经过能透水的坝身；通过坝底和坝肩渗漏；通过库底或库岸向较低的透水层或库外渗漏。一般只要做好防渗设计，严格控制施工质量，前两项损失是比较小的。水库渗漏损失主要与水文地质条件有关，由于库床范围较大，影响因素复杂，水库渗漏量目前尚难精确计算，通常可按水文地质条件类似的已建工程实测资料比拟推求，或采用以下经验方法估算。

若以一年或一月的渗漏损失量相当于水库蓄水容积的一定百分数来表示，可采用

以下数值进行初步估算：

(1) 水文地质条件优良，一般指库床主要为不透水层，库岸岩石节理裂隙不发育，地下水面与库水面接近。估算值为每年 0～10%或每月 0～1%。

(2) 水文地质条件较差，一般指库床为透水岩层，节理、裂隙发育，石灰岩岩溶发育的地区。估算值为每年 20%～40%或每月 1.5%～3.0%。

(3) 水文地质条件中等，介于上述两种条件之间。估算值为每年 10%～20%或每月 1%～1.5%。

(三) 中小型水库缺乏资料时水量损失估算法

中小型水库的蒸发、渗漏损失量，当缺少计算资料时，可按年用水量的 15%～20%或年来水量的 5%～10%作为水库年损失量的估算值。

八、水库淤积的估算和死水位的确定

水库建成后，并不是全部库容都可以用来进行径流调节的。首先，泥沙的沉积会将部分容积淤满；其次，自流灌溉、水力发电航运、渔业等各用水部门也各自要求水库水位不能低于某高程。所以水库实际运用必须有一个允许的最低水位，这就是死水位，相应死水位的死库容正常情况下是不动用的。

(一) 水库淤积的估算

在河流上修建水库，将改变原来河道的水流特性。由于水位抬高，过水断面增大，库区水流流速减少，挟沙能力随之降低，水库中便出现泥沙淤积。首先是大颗粒泥沙在库尾沉积，随着流速继续减小，较小颗粒泥沙逐渐沉积于水库中。泥沙淤积逐年增加，达到一定程度将会影响水库的正常使用。从水库建成到水库不能正常使用所经历的时间，称为水库的淤积年限，或称使用年限。在水库规划设计时考虑到水库淤积年限，称为设计淤积年限。一般小型水库设计淤积年限采用 30～50 年，大型水库采用 50～100 年，在少沙河流和南方一些地区，一些中型水库考虑的设计淤积年限有的达 100 年或更长。

影响水库泥沙淤积形成的主要因素有水库的来水来沙情况、泥沙特性、库区形态及水库的运用方式等。水库泥沙淤积的纵向形态可分为三角形淤积、锥形淤积和带形淤积等基本形态。在中小型水库规划设计时，一般采用简化处理，假定全部泥沙沉积在淤积库容里。淤积库容是保证在设计使用年限内，不影响水库正常使用而用来淤积泥沙的库容 $V_{淤}$，可用式 (4-13) 计算，即

$$V_{淤}=V_{年淤}T \tag{4-13}$$

式中 $V_{年淤}$——平均年淤积泥沙容积，m^3；

T——设计使用（淤积）年限，年。

当规划设计水库时，在确定了水库设计使用年限 T 后，$V_{年淤}$ 可依据有无实测泥沙资料分两种情况计算。

1. 具有悬移质泥沙测验资料的情况

$$V_{年淤}=V_{悬移}+V_{推移} \tag{4-14}$$

式中 $V_{悬移}$——平均每年淤积在水库中的悬移质泥沙容积，m^3/a；

$V_{推移}$——平均每年淤积在水库中的推移质泥沙容积，m^3/a。

$$V_{悬移}=\frac{\rho\overline{W}m}{(1-\delta)r} \tag{4-15}$$

式中　ρ——多年平均悬移质含沙量，由实测资料确定，kg/m^3；

$\overline{W}$——多年平均年径流量总量，m^3；

m——入库泥沙留在库中相对值，无排沙设施的中小型水库，采用 $m=1$ 较安全；

r——泥沙密度；

δ——淤积泥沙的孔隙度，为 0.3～0.4。

$$V_{推移}=\beta V_{悬移} \tag{4-16}$$

式中　β——推移质与悬移质输沙量的比值。

式（4-15）只适用于悬移质。对于推移质，因观测方法不成熟，实测资料不足，尚难确切估算。式（4-16）中 β 值的经验值为：平原河流 $\beta=0.01\sim0.05$，丘陵地区 $\beta=0.05\sim0.15$，山区 $\beta=0.15\sim0.30$。就我国而言，南方少沙河流，泥沙粒径较不均匀，β 值较大，可大于 0.3。北方多沙河流，泥沙粒径细而均匀，β 值较小。式（4-16）估算推移质泥沙容积的方法较为简单，适用于一般河流。对于推移质较为严重的河流，最好应有专门的调查观测资料，作为分析估算的依据。如库区预计会塌岸时，尚需计入塌岸量。

2. 缺少实测泥沙资料的情况

中小型河流一般缺少实测泥沙资料，可根据各地《水文手册》或《水文图集》查得年侵蚀模数 $M_{蚀}$，用式（4-17）直接估算淤积库容 $V_{淤}$，即

$$V_{淤}=(0.5\sim0.8)\,m\,M_{蚀}\,FT \tag{4-17}$$

式中　$M_{蚀}$——多年平均年侵蚀模数，$t/(km^2\cdot a)$；

F——坝址以上流域面积，km^2；

m——一般中小型水库无排沙设备，采用 $m=1$。

（二）水库死水位的确定

4-3 ▶
水库死水位的确定

1. 根据淤积要求确定死水位和死库容

确定了水库的淤积库容 $V_{淤}$ 后，查水库的水位库容关系曲线，可得到相应的淤积水位 $Z_{淤}$。在规划设计水库时，为了保证水库能够正常工作，一般要求引水管下缘放在淤积水位 $Z_{淤}$ 以上 1m 左右的管底超高处，引水管上缘有 1～2m 的管顶安全超高。管底超高可防止泥沙进入引水管，以保证引水设备和发电设备的安全运行。管顶安全超高为了保证引水时不致进入空气，以免破坏水流状态，并可以在特枯年份能动用部分死库容水量。对北方河流，有时还要考虑冬季在水面上的冰层厚度。据上述，根据淤积要求确定死水位 $Z_{死}$ 的计算公式为

$$Z_{死}=Z_{淤}+管底超高+引水管外径+管顶安全超高 \tag{4-18}$$

根据 $Z_{死}$ 查水库的 $Z-V$ 曲线，即可确定死库容 $V_{死}$。

【例 4-3】　已知南方某水库，流域面积 $F=102km^2$，侵蚀模数 $M_{蚀}=150t/(km^2\cdot$

a)，设计水库使用年限 $T=100$ 年，$\frac{1}{(1-\delta)r}=0.6$，输水管外径 $D_{外}=2.4\text{m}$，$m=1$，管顶、管底安全超高均取 1m，求淤积水位和淤积库容，确定死水位和死库容。

解：(1) 计算淤积库容 $V_{淤}$。

$$V_{淤}=0.6M_{蚀}FT=0.6\times150\times102\times100=92\ (万\ \text{m}^3)$$

(2) 查求淤积水位 $Z_{淤}$。

根据 $V_{淤}=92$ 万 m^3，查该水库 $Z-V$ 曲线，得淤积水位 $Z_{淤}=138.1\text{m}$。

(3) 求满足淤积要求的死水位 $Z_{死}$ 和死库容 $V_{死}$。

$$Z_{死}=Z_{淤}+管底超高+D_{外}+管顶安全超高$$
$$=138.1+1.0+2.4+1.0=142.5\ (\text{m})$$

根据 $Z_{死}=142.5\text{m}$，查 $Z-V$ 曲线，得相应死库容 $V_{死}=350$ 万 m^3。

2. 根据灌溉要求确定死水位

根据灌溉要求确定的死水位，主要指满足灌区自流引水灌溉的要求所需要的水库最低水位。根据输水结构的形式和尺寸，推求渠道设计流量所需要的最小水头 $H_{最小}$。根据灌溉要求确定死水位 $Z_{死}$ 的计算公式为

$$Z_{死}=Z_{渠}+iL+D_{内}/2+H_{最小} \tag{4-19}$$

式中 $Z_{渠}$——渠首设计控制高程，m；
i——引水管坡度，m；
L——引水管长度，m；
$D_{内}$——引水管内径，m；
$H_{最小}$——渠道设计流量的最小水头，m。

3. 其他用水部门对死水位的要求

承担发电任务的水库，死水位的选择要考虑保证水电站水轮机组所需要的最低水头和最佳消落深度，通过技术经济比较确定。当水库上游库区有通航要求时，水库死水位不得低于船只设计吨位最小航深的要求。当水库有水产养殖任务时，要保证水库在枯水期末放水后仍有足够的水体供鱼类活动和生长；其他如库区的环境卫生、旅游等的要求也要综合考虑、统筹规划。

水库死水位是水库的主要设计参数之一，对于中小型水库，确定死水位的工作可以有所简化。在规划阶段，在综合考虑各用水部门的技术要求的基础上，拟定出死水位的范围，然后通过经济比较综合论证分析，选定较合理的死水位。

九、年调节水库兴利调节计算

水库兴利调节计算的任务一般有两种情况。一种情况是在已知设计保证率的天然来水量条件下，根据各用水部门要求的调节流量（用水量）决定所需的兴利库容；另一种情况是根据天然来水和水库兴利库容确定可提供的调节流量。在规划设计阶段，主要是前面的一种情况，即在死水位已选定的情况下，通过兴利调节计算，确定水库的兴利库容和相应的正常蓄水位。以下主要介绍这一种情况的兴利调节计算。

（一）兴利调节计算原理

水库对天然来水进行调节，主要是在时间上改变天然来水过程，调节天然来水和

用水之间的矛盾。水库在丰水期把满足了用水要求后多余的天然来水蓄起来，从而提高枯水期的供水量，以满足各用水部门的需求。水库通过不断的蓄水和泄水来达到对天然来水调节的目的。

4-4

年调节水库兴利调节计算原理

水库兴利调节计算原理，就是将水库在整个调节周期内蓄水量的变化过程划分为若干较小的计算时段，按时段进行水量平衡计算，其公式为

$$\Delta W_{来} - \Delta W_{出} = (Q_{来} - Q_{出})\Delta t = \Delta W \qquad (4-20)$$

式中　$\Delta W_{来}$——时段 Δt 内入库水量，m^3；

$\Delta W_{出}$——时段 Δt 内出库水量，m^3；

$Q_{来}$——时段 Δt 内入库平均流量，m^3/s；

$Q_{出}$——时段 Δt 内出库平均流量，m^3/s；

ΔW——时段 Δt 内水库蓄水变量，m^3，该值增加为正，减少为负。

时段出库水量 $\Delta W_{出}$ 包括各兴利部门用水量 $\Delta W_{用}$、水库损失水量 $\Delta W_{损}$ 以及水库蓄满后产生的弃水量 $\Delta W_{弃}$。水库在时段内蓄水变量 ΔW 可用水库容积变量 ΔV 代替，则式（4-20）可写成式（4-21），即

$$\Delta W_{来} - \Delta W_{用} - \Delta W_{损} - \Delta W_{弃} = \Delta W = \Delta V = V_{末} - V_{初} \qquad (4-21)$$

式中　$V_{初}$——Δt 时段初的水库容积，m^3；

$V_{末}$——Δt 时段末的水库容积，m^3。

计算 Δt 时段的长短，主要根据调节周期的长短、天然来水和用水变化程度而定。对年调节水库来说，Δt 可取长些，一般取一个月，当来水或用水变化较大时，也可取一旬。时段划分越短，计算精度相对越高。

（二）年调节水库运用情况

年调节水库以一年为周期对水库进行调节。年调节水库的调节周期一般不采用通常的日历年度，而采用水利年度。水利年度是以水库的蓄泄周期来划分的，从水库蓄水之日起至放空之日止。水库在调节年度内进行充蓄、泄放的过程称为水库运用。在一个调节年度内，水库蓄泄一次称为一次运用，蓄泄多次称为多次运用。根据来水和用水过程的不同，一年中年调节水库的运用情况有以下几种。

1. 一次运用

图 4-1～图 4-4 中 $Q-t$、$q-t$ 分别表示水库天然来水和用水过程。图 4-1 是水库一次运用示意图，在一个调节年度内水库蓄水一次，供水一次。当蓄水期的余水 W_1 大于供水期的亏水 W_2 时，W_2 是需要水库提供的供水量，即只要水库能充蓄 W_2 的水量，就能满足这一年用水的需求。故水库兴利库容 $V_{兴} = W_2$。

2. 二次运用

二次运用水库在一个调节年度内，蓄水供水各两次，可分为 3 种情况。

第一种情况：如图 4-2 所示，水库两次运用，每次运用的余水量都大于随后的一次亏水量，即 $W_1 > W_2$，$W_3 > W_4$。水库二次运用是独立和互不影响的，因此，水库兴利库容取两个不足水量中较大者。图 4-2 中，$W_2 > W_4$，故水库的兴利库容 $V_{兴} = W_2$。

4－5 年调节水库运用情况

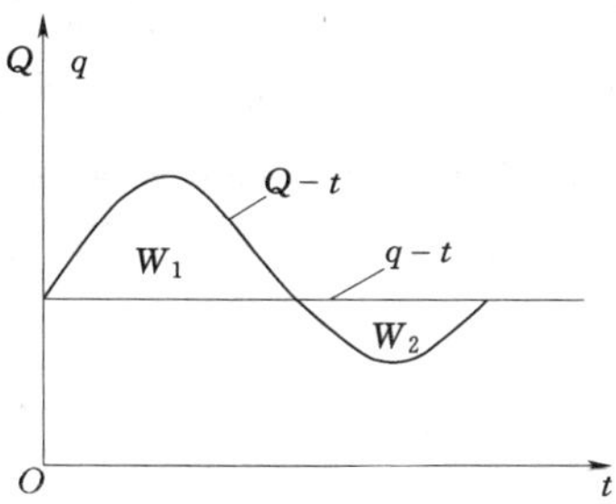

图 4－1　水库一次运用示意图

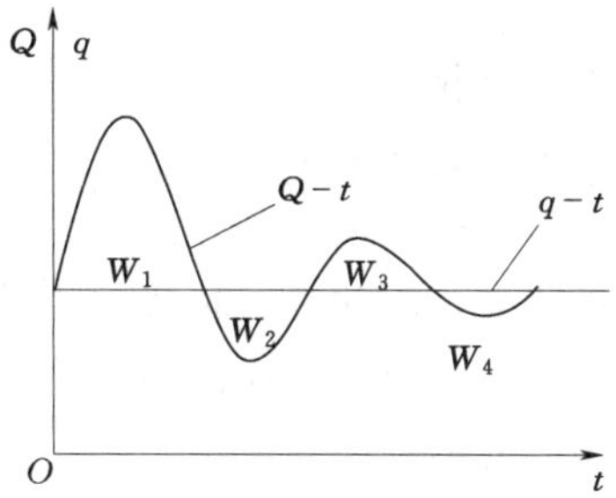

图 4－2　水库二次运用情况（一）

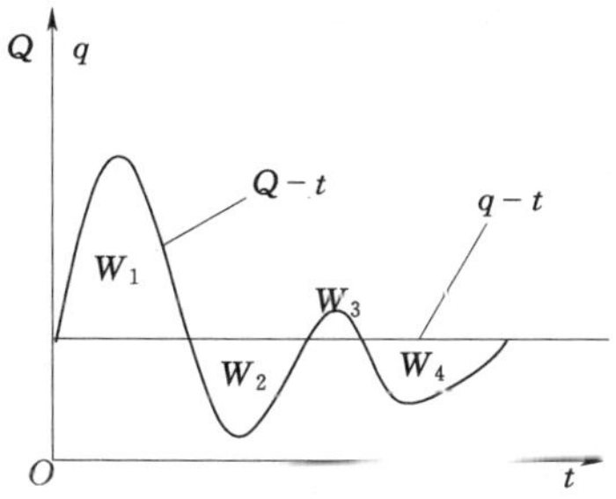

图 4－3　水库二次运用情况（二）

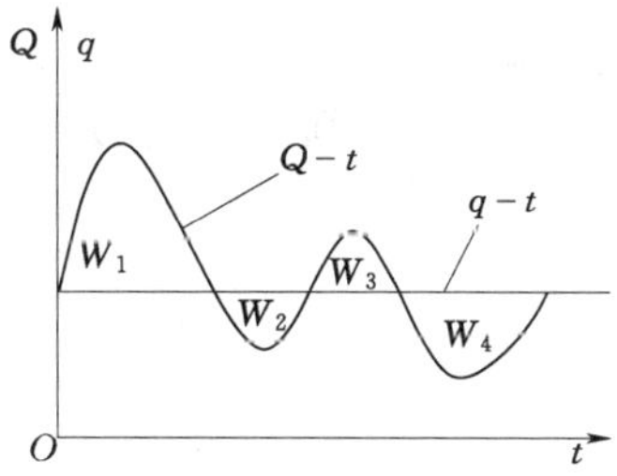

图 4－4　水库二次运用情况（三）

第二种情况：如图 4－3 所示，$W_1 > W_2$，$W_3 < W_4$，且 $W_3 < W_2$。水库的两次运用中，有一次运用的余水能满足该次运用的亏水，但另一次运用的余水不能满足该次运用的亏水。要满足相应于 W_4 时段亏水量要求，水库就必须事先在前一次运用中多存 W_3 不能满足的那一部分水量（$W_4 - W_3$），故水库的兴利库容 $V_{兴} = W_2 + (W_4 - W_3)$。

第三种情况：如图 4－4 所示，$W_1 > W_2$，$W_3 < W_4$，且 $W_3 > W_2$。由于 $W_2 + (W_4 - W_3)$ 小于 W_4，故水库的兴利库容取 $W_2 + (W_4 - W_3)$ 和 W_4 的较大值，即 $V_{兴} = W_4$。

3. 多次运用

多次运用水库在一个调节年度内，蓄水、供水多于两次。确定兴利库容可从水库放空时刻起算，分为顺时序和逆时序两种计算方法。

顺时序法：从水库水位为死水位，$V_{兴} = 0$ 开始，由零顺时序累加各计算时段（$W_{来} - W_{用}$）值，若该时段（$W_{来} - W_{用}$）为正则加、负则减，经过一个调节年度又回到计算的起点，当 $\sum (W_{来} - W_{用})$ 不为零，则多余水量即弃水量 C，兴利库容用式（4－22）计算，即

$$V_{兴} = \sum (W_{来} - W_{用})_{最大} - C \tag{4-22}$$

逆时序法：计算起点也是从 $V_{兴} = 0$ 开始，由零逆时序累加各计算时段（$W_{来} - W_{用}$）值，若该时段（$W_{来} - W_{用}$）为正则减、负则加。如果累加值小于零则取为零，兴利库容用式（4－23）计算，即

$$V_{兴} = \sum (W_{来} - W_{用})_{最大} \tag{4-23}$$

（三）根据用水要求确定兴利库容

根据兴利用水要求确定必需的兴利库容是水库规划设计的重要内容。项目二所求

4-6 列表计算法

4-7 年调节水库兴利调节计算案例

出的相应于设计保证率的设计年径流量和年内分配，作为水库设计代表年的来水过程，再列出用水要求相应的用水过程，采用列表法调节计算是年调节水库兴利调节计算的方法之一。该法是在来水、用水已知的情况下，用列表的方法，逐时段求解水量平衡方程，以求得水库蓄泄过程和所需的兴利调节库容。由于它可以较为严格、细致地考虑各种水量损失，因此是一种最常用的方法。

列表法计算可以顺时序向前推算，也可以逆时序向后推算，其计算公式如下：

顺时序向前推算，即

$$V_{月(旬)末}=V_{月(旬)初}+(W_{来}-W_{用}) \tag{4-24}$$

逆时序向后推算，即

$$V_{月(旬)初}=V_{月(旬)末}-(W_{来}-W_{用}) \tag{4-25}$$

式中　$V_{月(旬)初}$——时段 Δt（月或旬）初的水库容积，m^3；

$V_{月(旬)末}$——时段 Δt（月或旬）末的水库容积，m^3。

项目五　水库防洪调节计算

项目训练 5-1

一、资料

（1）某水库入库校核洪水摘录流量过程见表 5-1。

表 5-1　　某水库入库校核洪水流量

时间 t/h	0	1	2	3	4	5	6	7	8	9	10	11
流量 Q/(m^3/s)	59	60	65	69	70	75	63	68	83	100	117	132
时间 t/h	12	13	14	15	16	17	18	19	20			
流量 Q/(m^3/s)	148	168	225	1060	830	450	210	180	170			

（2）水库的水位-库容关系曲线见表 5-2。

表 5-2　　水库的水位-库容关系曲线

水位 Z/m	95	96	97	98	99	100	101
库容 V/万 m^3	418	519.5	626.5	738	854.5	976	1103.5
水位 Z/m	102	103	104	105	106	107	108
库容 V/万 m^3	1241	1391	1557	1739.5	1938	2156	2397
水位 Z/m	109	110	111	112			
库容 V/万 m^3	2663.5	2958.5	3220	3500			

（3）溢洪道型式和尺寸。

经过比较：溢洪道采用宽顶堰，无闸门控制，流量系数 $m=0.35$，底宽 $B=40$m。堰顶高程与正常蓄水位齐平，正常蓄水位为 100m。

（4）防洪限制水位和溢洪道堰顶齐平。

二、要求

推求该水库的校核洪水位和校核调洪库容。

项目训练 5-2

一、资料

（1）某小型水库 $P=2\%$ 设计洪水过程线近似三角形，洪峰流量 $Q_m=297m^3/s$，洪水历时 $T=8$h（涨洪历时 $t_1=3$h、退水历时 $t_2=5$h）。

（2）堰顶以上库容与下泄流量关系曲线表见表 5-3。

表 5-3　堰上库容与下泄流量关系曲线表

下泄流量 $q/(m^3/s)$	0	25	50	100	150	200	250
堰上库容 V/万 m^3	0	95	165	280	375	470	550

二、要求

用简化三角形解析法和图解法推求 $P=2\%$，设计调洪库容 V_m 和最大泄流量 q_m。

5-1　水库的调洪作用

知识链接 5

一、水库的调洪作用

修建一座水库通常有兴利和防洪两种调节作用。项目四研究的是水库的兴利调节，本项目研究的是防洪调节。防洪调节是为了保证水库的防洪安全，防止或减轻下游洪水灾害的调节。水库通过调洪库容对洪水进行调节。当入库洪水较大时，为确保水库大坝安全和减免下游防护地区的洪水灾害，临时将部分洪水拦蓄在水库的调洪库容中，待到洪峰过后再陆续放出，这样水库就发挥了对洪水的调节作用。

二、水库防洪调节计算的任务与过程

规划设计阶段，水库防洪调节计算的主要任务是：根据水文计算提供的设计洪水资料，通过调节计算和工程的效益投资分析，确定水库防洪库容、最高洪水位、坝高和泄洪建筑物尺寸。水库防洪调节计算的基本计算过程包括：设计洪水、泄洪能力、库容曲线等基本资料的收集、计算；根据地形地质等条件，拟定不同方案；根据下游防洪要求和泄洪建筑物特征的不同，进行防洪调节计算；根据防洪调节计算的成果和技术经济比较，选出最优方案。

三、水库防洪调节计算的基本原理

从水库调节洪水的过程可知，水库之所以能够削减洪峰流量和延长泄洪时间，主要是因为下泄流量受溢洪水头所控制，溢洪水头又受水库蓄水量的制约，而水库蓄水量的大小则取决于入库水量和出库水量之差，由此分析，可得到以下两个基本方程式。

1. 水量平衡方程

在某一时段 Δt 内，出库水量与入库水量的差等于该时段内水库蓄水量的变化，称为水库的水量平衡方程。用式（5-1）表示，即

$$\frac{Q_1+Q_2}{2}\Delta t-\frac{q_1+q_2}{2}\Delta t=V_2-V_1=\Delta V \tag{5-1}$$

5-2　水库防洪调节计算原理

式中　Q_1——Δt 时段初的入库流量，m^3/s；

Q_2——Δt 时段末的入库流量，m^3/s；

q_1——Δt 时段初的出库流量，m^3/s；

q_2——Δt 时段末的出库流量，m^3/s；

V_1——Δt 时段初的水库蓄水量，m^3；

V_2——Δt 时段末的水库蓄水量，m^3。

2. 蓄泄方程

水库通过泄洪建筑物泄洪，下泄流量即出库流量。在泄洪建筑物的型式和尺寸一

定的情况下，下泄流量 q 是泄流水头 h 的函数，即 $q=f(h)$。当水库的水面坡降较小时，可视为静水面，此时，泄流水头 h 是水库蓄水量 V 的函数，即 $h=f(V)$。因此下泄流量 q 也是水库蓄水量 V 的函数，下泄流量 q 和蓄水量 V 的函数方程式就称为蓄泄方程，即

$$q=f(V) \tag{5-2}$$

联立上述两式，得以下方程组，即

$$\left.\begin{aligned}&\frac{Q_1+Q_2}{2}\Delta t-\frac{q_1+q_2}{2}\Delta t=V_2-V_1\\&q=f(V)\end{aligned}\right\} \tag{5-3}$$

水库防洪调节计算时，这个方程组就体现了计算的基本原理。在水库的规划设计阶段，在每个计算时段，水库的入库洪水流量 Q_1、Q_2 可以通过项目三介绍的方法推求得到，在此作为已知条件。当计算时段 Δt 和时段初的下泄流量 q_1、蓄水库容 V_1 也是已知时，就可以利用上述方程组求出时段末的下泄流量 q_2 和蓄水库容 V_2。由于水库的水位库容关系不能用具体的函数方程式表示，所以蓄泄方程也不能用具体的函数方程式表示，只能用图示或列表的方式表达。这对求解方程组有一定的影响，所以水库防洪调节计算的实质就是求解水量平衡方程和蓄泄方程组成的方程组。目前我国求解该方程组的常用方法有列表试算法、半图解法和图解法 3 种。

四、无闸门控制的水库调洪计算

中、小型水库的溢洪道上一般无闸门控制，水库调洪计算起调水位与溢洪道堰顶高程齐平，与水库正常蓄水位和防洪限制水位相同。无闸门控制的水库调洪计算一般是在溢洪道的型式和尺寸已知的情况下，根据不同标准的洪水求出所需的调洪库容、相应的洪水位及最大的下泄流量 q_m。

（一）列表试算法

为了求解水量平衡方程和蓄泄方程组成的方程组，通常用间接的方法。试算法是常用的方法，该法通过列表逐时段试算出方程组的解进行调洪计算，具体步骤如下：

5-3 列表试算法

（1）通过水文计算得到水库的设计洪水过程线。

（2）根据水库容积曲线和泄洪建筑的型式和尺寸，求出水库下泄流量与蓄水库容的关系曲线，即蓄泄方程 $q=f(V)$。

（3）取合适的计算时段 Δt，根据设计洪水过程线摘录入库洪水流量 Q_1、Q_2、Q_3、…。

（4）调洪计算。根据起始条件决定起始计算时段初的 V_1、q_1 值，假设时段末的下泄流量 q_2，根据式（5-1）就可以求出该时段末的蓄水量 V_2。根据 V_2 查 $q=f(V)$ 关系曲线得 q_2，将查得的结果与假定的 q_2 相比较，若两者相等，即为所求；或两者不等，则说明原假设的 q_2 与实际不符，故需重新假设 q_2，直到两者相符为止。上一时段末的 q_2、V_2 也就是下一时段初的 q_1、V_1，重复上述试算过程，可求出下一时段末的 q_2、V_2。这样，逐时段试算，就可以求出水库下泄流量过程和相应的水库蓄水过程。

（5）水库在调洪过程中，最大的库容减去防洪限制水位以下的库容就是要求的调

洪库容，最高水位就是相应的设计洪水位，最大的下泄流量 q_m 对下游防洪安全起控制作用。

（二）单辅助曲线法

列表试算法可以清晰地表达出调洪计算的基本原理，但人工手算计算工作量比较大，半图解法可以减少计算的工作量。半图解法通过图解和列表计算相结合，求解水量平衡和蓄泄方程组成的方程组。半图解法包括双辅助曲线法和单辅助曲线法，常用的是单辅助曲线法。

5-4 单辅助曲线法

单辅助曲线法计算的原理是将水量平衡方程改写为

$$\frac{V_2}{\Delta t}+\frac{q_2}{2}=\frac{1}{2}(Q_1+Q_2)-q_1+\left(\frac{V_1}{\Delta t}+\frac{q_1}{2}\right) \tag{5-4}$$

式（5-4）的右端都是已知的，左端未知。根据蓄泄方程式（5-2）知，V 是 q 的函数，计算时段 Δt 是已选择的常数，所以 $\frac{V}{\Delta t}+\frac{q}{2}$ 也是 q 的函数。由于式（5-4）左右两端都有 $\frac{V}{\Delta t}+\frac{q}{2}$，所以构造一条 q 与 $\frac{V}{\Delta t}+\frac{q}{2}$ 的关系曲线作为辅助曲线就可以求解未知数 V_2 和 q_2。单辅助曲线法在求解水量平衡方程和蓄泄方程组成的方程组时，根据蓄泄方程关系曲线绘制 q 与 $\frac{V}{\Delta t}+\frac{q}{2}$ 的关系辅助曲线，利用该辅助曲线和水量平衡方程用半图解法求解。

单辅助曲线法调洪计算时，通常也是列表逐时段计算。首先根据起调条件确定第一个计算时段初的 V_1 和 q_1。根据 q_1 查 q 与 $\frac{V}{\Delta t}+\frac{q}{2}$ 辅助曲线，得到相应的 $\frac{V_1}{\Delta t}+\frac{q_1}{2}$ 值，将该值代入式（5-4），计算出该时段末的 $\frac{V_2}{\Delta t}+\frac{q_2}{2}$ 值。根据计算的 $\frac{V_2}{\Delta t}+\frac{q_2}{2}$ 值，查单辅助曲线就可以查到相应的 q_2。该时段末的 q_2 即是下一时段初的 q_1，这样就可以逐时段进行调洪计算。

（三）简化三角形法

中、小型水库在初步规划阶段，进行调洪方案比较时，不需要计算水库在调洪过程中的蓄洪过程，只需要确定调洪库容 V_m 和最大泄流量 q_m，通常采用简化三角形法。该法是简化计算方法，故计算时忽略调洪计算的次要影响因素，其应用条件和假定有：设计洪水过程线近似为三角形；洪水来临之前，水库水位与溢洪道堰顶齐平；溢洪方式为无闸门控制的自由溢流；下泄流量过程线近似为直线。在此条件下，水库的调洪库容可由式（5-5）计算，即

$$V_m=\frac{1}{2}Q_mT-\frac{1}{2}q_mT \tag{5-5}$$

式中　V_m——水库的设计调洪库容，m^3；

Q_m——设计洪峰流量，m^3/s；

T——设计洪水总历时，s；

q_m——最大泄流量，m^3/s。

式（5-5）中，Q_m、T 为已知条件，V_m 和 q_m 是未知的。要唯一地确定两个未知数，还需要增加一个方程，也就是蓄泄方程，即式（5-2）。所以，要用简化三角形法确定水库的调洪库容 V_m 和最大泄流量 q_m，就要联立求解水量平衡方程（5-5）和蓄泄方程（5-2）。求解的常用方法有试算法和图解法，其中试算法也称为三角形解析法。为了求解的方便，水量平衡方程（5-5）也可采用以下不同的形式，即

$$V_m = W_m\left(1-\frac{q_m}{Q_m}\right) \tag{5-6}$$

或

$$q_m = Q_m\left(1-\frac{V_m}{W_m}\right) \tag{5-7}$$

式中　W_m——设计洪水总量，$W_m=\frac{Q_m T}{2}$，m^3。

1. 简化三角形解析法

假设一个 q_m，代入 $V_m = W_m\left(1-\frac{q_m}{Q_m}\right)$，得相应的 V_m，根据该 V_m 查 $q=f(V)$ 关系曲线查得 q'_m。如果 $q'_m = q_m$，则试算成功，q_m、V_m 即为所求；如果 $q'_m \neq q_m$，则重设重算。

5-5
简化
三角形法

2. 简化三角形图解法

由于水量平衡方程（5-6）所反映的两个未知数 q_m 和 V_m 是直线关系，所以首先可以根据水量平衡方程绘制 $q_m=f(V_m)$ 关系直线。而蓄泄方程本身即是通过曲线的形式反映 $q=f(V)$ 关系，所以两条曲线交点的横坐标和纵坐标即分别为所求的 V_m 和 q_m。

【例5-1】 已知某水库 $P=1\%$ 简化三角形洪水过程线，洪峰流量 $Q_m=500m^3/s$，洪水历时 $T=10h$ 及 $q=f(V)$ 曲线（图5-1）。分别用简化三角形图解法及解析法推求该水库的设计调洪库容 V_m 及溢洪道（无闸门控制）的最大泄流量 q_m。

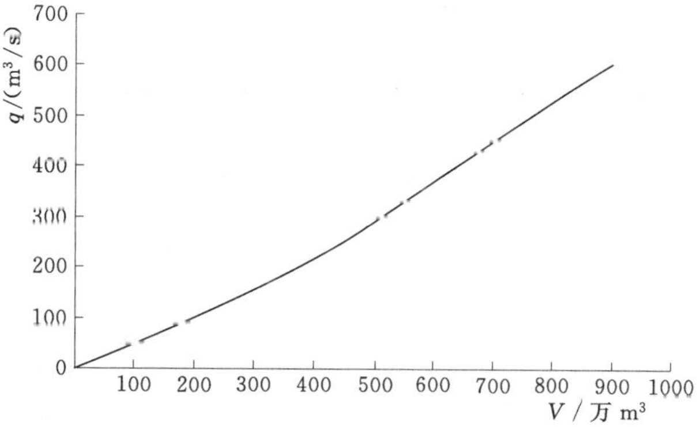

图5-1　某水库 $q=f(V)$ 关系曲线

解：（1）解析法。

$$W_m=\frac{Q_m T}{2}=\frac{500\times10\times3600}{2}=900\text{（万 m}^3\text{）}$$

设 $q_m=200\text{m}^3/\text{s}$，代入 $V_m=W_m\left(1-\dfrac{q_m}{Q_m}\right)$，得 $V_m=540$ 万 m^3。根据 $V_m=540$ 万 m^3，查 $q=f(V)$ 曲线得 $q'_m=340\ \text{m}^3/\text{s}\neq q_m$。重新设 $q_m=250\text{m}^3/\text{s}$，代入 $V_m=W_m\left(1-\dfrac{q_m}{Q_m}\right)$，得 $V_m=450$ 万 m^3。根据 $V_m=450$ 万 m^3，查 $q=f(V)$ 曲线得 $q'_m=250\text{m}^3/\text{s}=q_m$。所以水库的设计调洪库容 $V_m=450$ 万 m^3，溢洪道的最大下泄流量 $q_m=250\text{m}^3/\text{s}$。

（2）图解法。

如图 5-2 所示，在 $q=f(V)$ 关系曲线图上，在横轴上截取 $OB=W_m=900$ 万 m^3，得 B 点；在纵轴上截取 $OA=Q_m=500\text{m}^3/\text{s}$，得 A 点。连接 A、B 两点得直线 AB，即水量平衡方程 $q_m=Q_m\left(1-\dfrac{V_m}{W_m}\right)$ 所反映的 $q_m=f(V_m)$ 关系直线。$q_m=f(V_m)$ 直线与 $q=f(V)$ 曲线交于 C 点，则 C 点的纵坐标即为溢洪道的最大下泄流量 $q_m=250\text{m}^3/\text{s}$，$C$ 点的横坐标即为水库的设计调洪库容 $V_m=450$ 万 m^3。

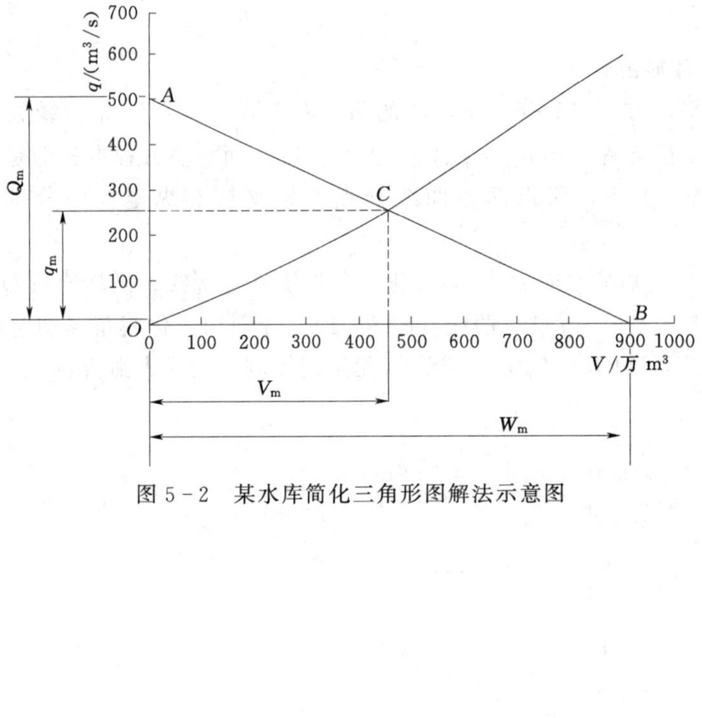

图 5-2　某水库简化三角形图解法示意图

项目六　综　合　项　目

四丁水库位于东江一条小支流上，流域面积 $F=42.3\text{km}^2$，集水区内主要是低山和丘陵山地。根据规划要求，它是一个以灌溉为主，结合发电，并具有一定防洪效益的水库，其总库容大于 1000 万 m^3 小于 1 亿 m^3，属中型水库。规划设计的内容主要包括设计年径流、设计洪水、兴利调节和洪水调节 4 部分。

一、设计年径流及年内分配计算

1. 基本资料

四丁水库所在河流没有水文站，属缺乏实测水文资料地区。查《广东省水文图集》知：本地区多年平均年径流深 $\bar{R}=1400\text{mm}$；多年平均年径流深变差系数 $C_v=0.35$。规划水平年为十年一遇设计枯水年（设计频率 $P=90\%$）。

对本地区气象资料分析，接近十年一遇枯水年的降雨年内分配百分比见表 6-1。

表 6-1　　本地区设计枯水年降雨年内分配表

月　份	1	2	3	4	5	6	7	8	9	10	11	12	全年
降雨月分配/%	2.0	3.0	4.7	8.0	18.4	20.4	13.6	14.7	8.7	3.1	1.6	1.8	100

2. 设计指导与要求

这部分的设计任务是：推求设计水平年的设计年径流及其年内分配，为兴利调节计算提供来水资料。

四丁水库属无资料地区，只能通过间接途径推求设计年径流及其年内分配。相关公式及计算要求提示如下：

（1）年径流偏态系数取 $C_s=2C_v$。

（2）设计年径流深计算公式为 $R_p=K_p\bar{R}$。

设计径流总量计算公式为 $W_p=1000R_pF$，结果以万 m^3 计，保留整数。

（3）设计年径流年内分配（即设计枯水年水库来水量），按降雨月分配百分比进行计算，以表 6-2 的形式列出结果。

表 6-2　　设计年径流年内分配计算表

月　份	1	2	3	4	5	6	7	8	9	10	11	12	合计
降雨月分配/%													
水库来水量/万 m^3													

二、由暴雨资料推求设计洪水计算

（一）基本资料

1. 集水区域下垫面情况

集水区内主要是低山和丘陵山地；土壤为砂质黏土和粉土，渗透性中等；植物覆盖率较好，为针叶林和灌木。

2. 工程设计标准

四丁水库初步规划属中型水库工程，坝型为碾压式土坝，根据《防洪标准》（GB 50201—2014）要求：设计洪水（正常运用防洪标准）$P=1\%$；校核洪水（非常运用防洪标准）$P=0.1\%$。

3. 集水区域地理参数

根据1∶25000地形图的量测结果：流域面积 $F=42.3\text{km}^2$；河长 $L=16.8\text{km}$；流域平均比降 $J=0.0202$；流域平均高程 $\overline{Z}=502\text{m}$。

4. 暴雨资料

本地区属无资料地区，查《广东省水文图集》得年最大1h、6h、24h、72h（3d）点暴雨统计参数（均值 $\overline{H}_t$、变差系数 C_v）见表6-3。

表6-3　本地区点暴雨统计参数

项　目	t/h			
	1	6	24	72
均值 $\overline{H}_t$ /mm	62	120	190	290
变差系数 C_v	0.37	0.43	0.48	0.48

（二）设计指导与要求

这部分的设计任务是：根据暴雨资料进行设计洪水计算，推求设计洪水和校核洪水过程线，为水库调洪计算提供依据。计算方法与过程参见项目三的广东省小流域设计洪水计算方法简介及算例。

（1）本工程集水区域位于《广东省暴雨径流查算图表》分区表中的东江中下游Ⅳ分区。利用图表（见附图及附表）进行各种计算时的类型选择提示如下：

1）设计暴雨定点定面关系的点面关系折算曲线，查暴雨低区的 α_t-t-F 曲线。

2）设计雨型采用东江中下游型。

3）产流参数 $\overline{f}_t$ 采用内陆分区。

4）汇流参数 m。集水区域属半山区、半高丘区，查 $m-\theta$ 曲线时，可内插、略靠近山区线取值。

（2）设计报告书中，计算过程可不做过多表述。

1）设计暴雨的计算结果采用表6-4的格式给出。

2）洪水过程线的摘录，取 $\Delta t=1\text{h}$。考虑减少调洪计算的工作量，只要求摘录主洪峰段最大一天（24～26h）洪水流量过程，并假设起点为零（即 $Q_0=0\text{m}^3/\text{s}$）。结果以表6-5格式给出。

（3）本部分需要绘制的附图包括：

1）$P=1\%$和$P=0.1\%$对应的Q_m-t及$Q_m-\tau$曲线图。

2）$P=1\%$和$P=0.1\%$对应的设计洪水过程线图。

表 6-4　　设计暴雨量计算结果表

<table>
<tr><td colspan="2" rowspan="2">项　目</td><td colspan="4">t/h</td><td rowspan="2">$1-n_{p(1\sim6)}$、S_p</td></tr>
<tr><td>1</td><td>6</td><td>24</td><td>72</td></tr>
<tr><td colspan="2">$\overline{H}_t$</td><td>62</td><td>120</td><td>190</td><td>290</td><td rowspan="4">$P=1\%$
$1-n_{p(1\sim6)}=\dfrac{\lg(H_{6p面}/H_{1p面})}{\lg6}$
$S_p=H_{1p面}$</td></tr>
<tr><td colspan="2">C_v</td><td>0.37</td><td>0.43</td><td>0.48</td><td>0.48</td></tr>
<tr><td rowspan="2">K_{tp}</td><td>$P=1\%$</td><td></td><td></td><td></td><td></td></tr>
<tr><td>$P=0.1\%$</td><td></td><td></td><td></td><td></td></tr>
<tr><td rowspan="2">H_{tp}</td><td>$P=1\%$</td><td></td><td></td><td></td><td></td><td rowspan="6">$P=0.1\%$
$1-n_{p(1\sim6)}=\dfrac{\lg(H_{6p面}/H_{1p面})}{\lg6}$
$S_p=H_{1p面}$</td></tr>
<tr><td>$P=0.1\%$</td><td></td><td></td><td></td><td></td></tr>
<tr><td rowspan="2">α_t</td><td>$P=1\%$</td><td></td><td></td><td></td><td></td></tr>
<tr><td>$P=0.1\%$</td><td></td><td></td><td></td><td></td></tr>
<tr><td rowspan="2">$H_{tp面}$</td><td>$P=1\%$</td><td></td><td></td><td></td><td></td></tr>
<tr><td>$P=0.1\%$</td><td></td><td></td><td></td><td></td></tr>
</table>

表 6-5　　设计洪水过程线摘录表

时段/h	Q/(m^3/s)	
	设计洪水 $P=1\%$	校核洪水 $P=0.1\%$
0	0	0
1		
2		
3		
4		
5		
⋮	⋮	⋮
25		
26		

三、兴利调节计算

（一）基本资料

四丁水库是一个以灌溉为主、结合发电并具有一定防洪效益的中型水库。规划水平年为十年一遇设计枯水年（设计频率$P=90\%$）。

1. 水库来水量

见设计年径流及其年内分配结果。

2. 水库用水量分析

由于灌溉与发电在用水要求方面没有矛盾，采用灌溉用水作为水库用水量。根据该地区灌溉试验成果，经过综合分析计算，$P=90\%$设计年的灌溉用水量见表 6-6。

表 6-6　　设计枯水年（P=90%）灌溉用水量成果表

月　份	1	2	3	4	5	6	7	8	9	10	11	12	合计
用水量 $W_{用}$/万 m^3	92	121	352	446	588	134	107	219	182	302	179	78	2800

3. 水库资料

（1）水库特性曲线。

根据四丁水库库区 1∶10000 地形图进行量测计算，水库水位 Z 与水库面积 F 之间的关系见表 6-7。

表 6-7　　四丁水库 Z-F 曲线表

Z/m	86	87	88	89	90	91	92	93	94	95	96	97	98
F/万 m^2	0	10	20	30	37	48	63	78	89	98	105	109	114
Z/m	99	100	101	102	103	104	105	106	107	108	109	110	
F/万 m^2	119	124	131	144	156	176	189	208	229	253	280	310	

（2）泥沙资料。

1）设计使用年限 T=100 年。

2）本地区无实测泥沙资料，经地区性分析计算得多年平均年侵蚀模数为

$$M_{蚀}=140\text{t}/(\text{km}^2\cdot\text{a})$$

3）$\dfrac{1}{(1-\delta)r}=0.8$。

4）不设排沙设备，取入库泥沙留在水库中的相对值 m=1。

（3）灌溉发电引水管资料。

根据初步计算，灌溉发电引水管外径 $D_{外}$=2.0m；管底超高为 1.5m；管顶安全水深 1.0m。

（4）蒸发渗漏损失资料。

1）蒸发资料。本地区属无资料地区，有关蒸发损失资料主要是通过查《广东省水文图集》得到。查广东省多年平均降雨等值线图得 $\overline{H}$ =2200mm；查广东省多年平均径流等值线图得 $\overline{R}$ =1400mm；查广东省多年平均水面蒸发等值线图得 $E_{测}$ = 1560mm；水面蒸发器折算系数 K =0.8。

根据县气象部门提供的资料分析，蒸发量多年平均年内分配见表 6-8。

表 6-8　　蒸发量多年平均年内分配

月　份	1	2	3	4	5	6	7	8	9	10	11	12	全年
蒸发月分配/%	5.6	4.7	6.3	7.5	9.3	9.2	12.0	11.3	10.5	10.3	7.6	5.7	100

2）渗漏资料。根据库区水文地质条件分析，该水库属于中等水文地质条件，渗漏损失按月平均蓄水量的 1%计算。

（二）设计指导与要求

这部分的设计任务是：通过水库兴利调节计算，确定水库的兴利库容和正常蓄水位。

1. 计算并绘制水库水位-容积曲线

计算四丁水库水位-容积曲线时，按式（4－5）自河底向上逐层计算相邻高程间的容积 ΔV 。

2. 死库容计算

初步规划不设坝后式电站，死水位确定主要考虑淤积要求。死水位 $Z_{死}$ 根据式（4－18）计算，即

$Z_{死}=Z_{淤}$＋管底超高＋引水管外径＋管顶安全水深（结果保留一位小数）

其中，$Z_{淤}$ 根据淤积库容 $V_{淤}$ 查水库水位-容积曲线求得。

$V_{淤}$ 计算公式为

$$V_{淤}=0.8mM_{蚀}FT \tag{6-1}$$

3. 蒸发损失计算

时段蒸发损失量的计算公式为

$$\Delta W_{蒸}=(E_{水}-E_{陆})\overline{F}_{库}/1000$$

其中，各时段（月）的 $(E_{水}-E_{陆})$ 按蒸发的多年平均年内分配比例进行计算；$\overline{F}_{库}$ 为每月库容的均值，计算式为

$$\overline{F}_{库}=\frac{1}{2}(F_{月初}+F_{月末})$$

时段蒸发损失量的计算结果以表 6－9 的形式给出。

表 6－9　　时段蒸发损失量计算表

月份	1	2	3	4	5	6	7	8	9	10	11	12	全年
损失百分比/%	5.6	4.7	6.3	7.5	9.3	9.2	12.0	11.2	10.5	10.0	7.0	5.7	100
$E_{水}-E_{陆}$													
$\overline{F}_{库}$/万 m^2													
蒸发损失量/万 m^3													

4. 兴利调节计算

首先要判别四丁水库是年调节水库还是多年调节水库。若属于年调节水库，先进行不计损失兴利调节计算，初步确定兴利库容、正常蓄水位和水库蓄水过程，并判断水库是一次运用、二次运用还是多次运用。在此基础上再进行计入损失调节计算，确定兴利库容和正常蓄水位。

5. 本部分内容要求绘制附图包括水库 $Z-F$ 曲线和 $Z-V$ 曲线。

四、防洪调节计算

（一）基本资料

1. 设计洪水和校核洪水

见本项目第 2 部分由暴雨资料推求设计洪水计算结果。

2. 溢洪道设计方案

初步规划时，溢洪道宽度 B 为 30m 和 40m 两个方案进行比较。为了减少工作量，现只对 $B=40$m 的方案进行计算，作为设计结果。

溢洪道采用无闸门控制的实用堰。经模型试验，流量系数 $m=0.35$（$M=m\sqrt{2g}$）。堰顶高程与正常蓄水位齐平。

调洪计算起调时，假设汛前水位与溢洪道堰顶高程一致。

（二）技术指导与要求

本部分设计任务是：采用单辅助曲线法进行调洪计算，分别确定设计洪水和校核洪水所对应的洪水位及调洪库容（$Z_{设洪}$、$V_{设洪}$及 $Z_{校洪}$、$V_{校洪}$）。

1. 单辅助曲线计算及绘制

绘制 $q-\frac{V}{\Delta t}+\frac{q}{2}$ 曲线时，将计算表中的水位与泄流量绘成 $Z-q$ 曲线，放在同一张图上。

2. 调洪计算

为了减少工作量，调节出最大下泄流量 q_m 后，再计算 6 个时段的下泄流量，以后的下泄流量可以不再计算。

算出 q_m 后，查 $Z-q$ 曲线得出设计洪水位 $Z_{设洪}$（或 $Z_{校洪}$），再查 $Z-V$ 曲线得到最大库容 $V_{总}$。由公式 $V_{设洪}=V_{总}-V_{起调}$ 计算调节库容。

3. 本部分需要绘制的附图

（1）调洪单辅助曲线 $q-\frac{V}{\Delta t}+\frac{q}{2}$ 及 $Z-q$ 曲线。

（2）$P=1\%$主洪峰段设计洪水过程线 $Q-t$ 和下泄流量过程线 $q-t$。

（3）$P=0.1\%$主洪峰段设计洪水过程线 $Q-t$ 和下泄流量过程线 $q-t$。

五、设计报告书提纲

设计报告书分为文字报告和附图两部分，附图贴在报告书的后面。

文字报告主要是简要描述设计资料、计算方法与步骤、计算成果。可参考以下提纲撰写。

题目：四丁水库水利规划设计计算

文字报告正文：

第 1 章　设计年径流及其年内分配计算

　　1.1　设计年径流计算

　　1.2　年径流年内分配计算

第 2 章　由暴雨资料推求设计洪水计算

　　2.1　设计暴雨计算

　　　　2.1.1　设计点暴雨量计算

　　　　2.1.2　设计面暴雨量计算

　　　　2.1.3　设计暴雨过程计算

　　2.2　产流计算

　　　　2.2.1　产流参数确定

　　　　2.2.2　设计净雨过程计算

　　2.3　设计洪峰计算

2.3.1 汇流参数确定

2.3.2 设计洪峰及汇流历时的计算

2.4 设计洪量计算

2.5 设计洪水过程线计算

2.5.1 主洪峰过程线的推求

2.5.2 分段单元洪水过程线的推求

2.5.3 设计洪水过程线的绘制

2.5.4 设计洪水过程线的摘录

第 3 章 兴利调节计算

3.1 水库特性曲线的计算与绘制

3.1.1 水库 $Z-F$ 曲线

3.1.2 水库 $Z-V$ 曲线

3.2 死库容计算

3.3 不计损失年调节计算

3.4 计入损失的年调节计算

第 4 章 防洪调节计算

4.1 单辅助曲线计算及绘制

4.2 调洪计算

第 5 章 设计成果

四丁水库水利规划设计计算成果表形式见表 6-10。

表 6-10　　四丁水库水利规划设计计算成果表

设计项目			设计成果
兴利规划		死水位/m	
		死库容/万 m^3	
		正常蓄水位/m	
		兴利库容/万 m^3	
防洪规划	设计洪水 $P=1\%$	设计洪水位/m	
		设计调洪库容/万 m^3	
		最大下泄流量/(m^3/s)	
	校核洪水 $P=0.1\%$	校核洪水位/m	
		校核调节库容/万 m^3	
		最大下泄流量/(m^3/s)	

设计成果附图部分包括：

(1) $P=1\%$对应的 Q_m-t 及 $Q_m-\tau$ 曲线图。

(2) $P=0.1\%$对应的 Q_m-t 及 $Q_m-\tau$ 曲线图。

(3) $P=1\%$设计洪水过程线。

(4) $P=0.1\%$校核洪水过程线。

（5）水库 $Z-F$ 曲线。

（6）水库 $Z-V$ 曲线。

（7）调洪辅助曲线 $q-\frac{V}{\Delta t}+\frac{q}{2}$ 及 $Z-q$ 曲线。

（8）$P=1\%$主洪峰段设计洪水过程线 $Q-t$ 和下泄流量过程线 $q-t$ 。

（9）$P=0.1\%$主洪峰段设计洪水过程线 $Q-t$ 和下泄流量过程线 $q-t$ 。

参 考 文 献

[1] 朱崎武，拜存有．水文与水利水电规划［M］．2版．郑州：黄河水利出版社，2008.
[2] 林辉，汪繁荣，黄泽钧．水文及水利水电规划［M］．北京：中国水利水电出版社，2007.
[3] 梁忠民，钟平安，华家鹏．水文水利计算［M］．2版．北京：中国水利水电出版社，2008.
[4] 雒文生，宋星原．工程水文及水利计算［M］．2版．北京：中国水利水电出版社，2010.
[5] 黎国胜．工程水文与水利计算［M］．郑州：黄河水利出版社，2009.
[6] 张子贤．工程水文及水利计算［M］．北京：中国水利水电出版社，2008.
[7] 叶守泽．水文水利计算［M］．北京：中国水利水电出版社，1992.
[8] 崔振才．水文及水利水电规划［M］．北京：中国水利水电出版社，2007.
[9] 宋孝玉，马细霞．工程水文学［M］．郑州：黄河水利出版社，2009.
[10] 齐梅兰．工程水文学［M］．北京：北京交通大学出版社，2009.
[11] GB 50288—2018 灌溉与排水工程设计标准［S］．北京：中国计划出版社，2018.
[12] NB/T 35061—2015 水电工程动能设计规范［S］．北京：中国电力出版社，2016.
[13] GB 50013—2018 室外给水设计标准［S］．北京：中国计划出版社，2018.
[14] DG/TJ 08-2116—2012 内河航道工程设计规范［S］．上海：人民交通出版社，2012.

附表　　《广东省暴雨径流查算图表》分区与暴雨、产流、汇流分区对应表

《广东省暴雨径流查算图表》分区		暴雨、产流、汇流分区						
分区	亚区	设计雨型	设计暴雨定点定面关系（α_t-t-F关系）	产流	广东省综合单位线			推理公式
					$m_1-\theta$	无因次单位线 u_i-x_i		$m-\theta$
						$F>500km^2$	$F<500km^2$	
Ⅰ韩江		韩江	暴雨低区	内陆	B	Ⅲ	Ⅱ	大陆
Ⅱ粤东沿海		粤东沿海	暴雨高区	粤东沿海、珠江三角洲	A	Ⅲ	Ⅱ	大陆
Ⅲ东江上游		东江上游	暴雨低区	内陆	B	Ⅲ	Ⅱ	大陆
Ⅳ东江中下游		东江中下游	暴雨低区	内陆	A	Ⅲ	Ⅱ	大陆
Ⅴ北江上游		北江上游	暴雨低区	内陆	B	Ⅲ、Ⅴ	Ⅱ、Ⅴ	大陆
Ⅵ北江中下游		北江中下游	暴雨低区	内陆	A	Ⅲ	Ⅱ	大陆
Ⅶ珠江三角洲	$Ⅶ_1$ 珠江三角洲	珠江三角洲	暴雨低区	粤东沿海、珠江三角洲	B	Ⅲ	Ⅲ	大陆
	$Ⅶ_2$ 流溪河、增江	珠江三角洲	暴雨低区	内陆	A	Ⅲ	Ⅱ	大陆
	$Ⅶ_3$ 潭江	珠江三角洲	暴雨高区	粤西沿海	A	Ⅲ	Ⅱ	大陆
Ⅷ西江		西江	暴雨低区	内陆	B	Ⅲ	Ⅱ	大陆
Ⅸ粤西沿海	$Ⅸ_1$ 漠阳江	粤西沿海	暴雨高区	粤西沿海	A	Ⅲ	Ⅱ	大陆
	$Ⅸ_2$ 鉴江、九州江	粤西沿海	暴雨低区	粤西沿海	B	Ⅲ	Ⅲ	大陆
Ⅹ雷州半岛		雷州半岛	暴雨低区	琼雷台地	C	Ⅳ	Ⅳ	大陆
Ⅺ海南岛	$Ⅺ_1$ 琼北台地	海南岛	暴雨低区	琼雷台地	C	Ⅳ	Ⅳ	海南
	$Ⅺ_2$ 海南丘陵	海南岛	暴雨高区	海南山丘区	D	Ⅰ	Ⅰ	海南
	$Ⅺ_3$ 海南山区	海南岛	暴雨高区	海南山丘区	E	Ⅰ	Ⅰ	海南

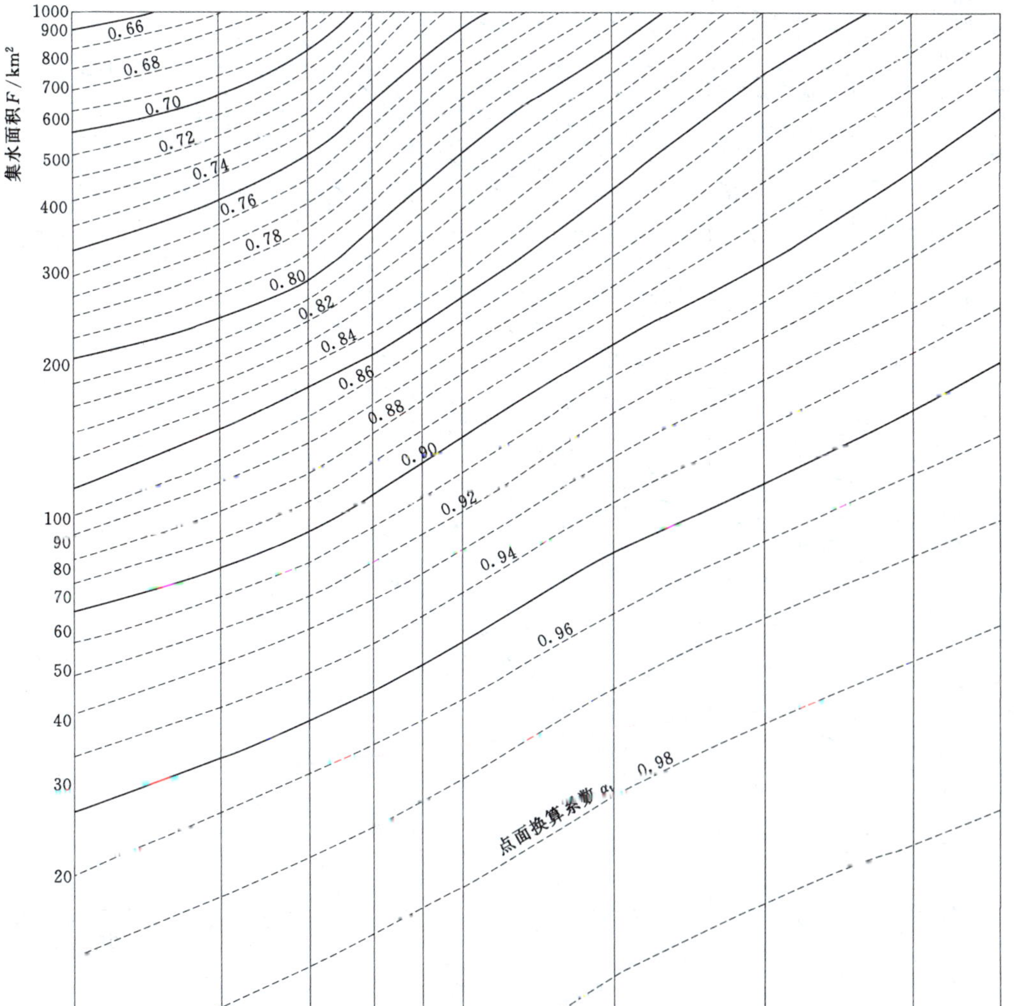

附图 1　暴雨低区

点面换算系数-历时-集水面积关系

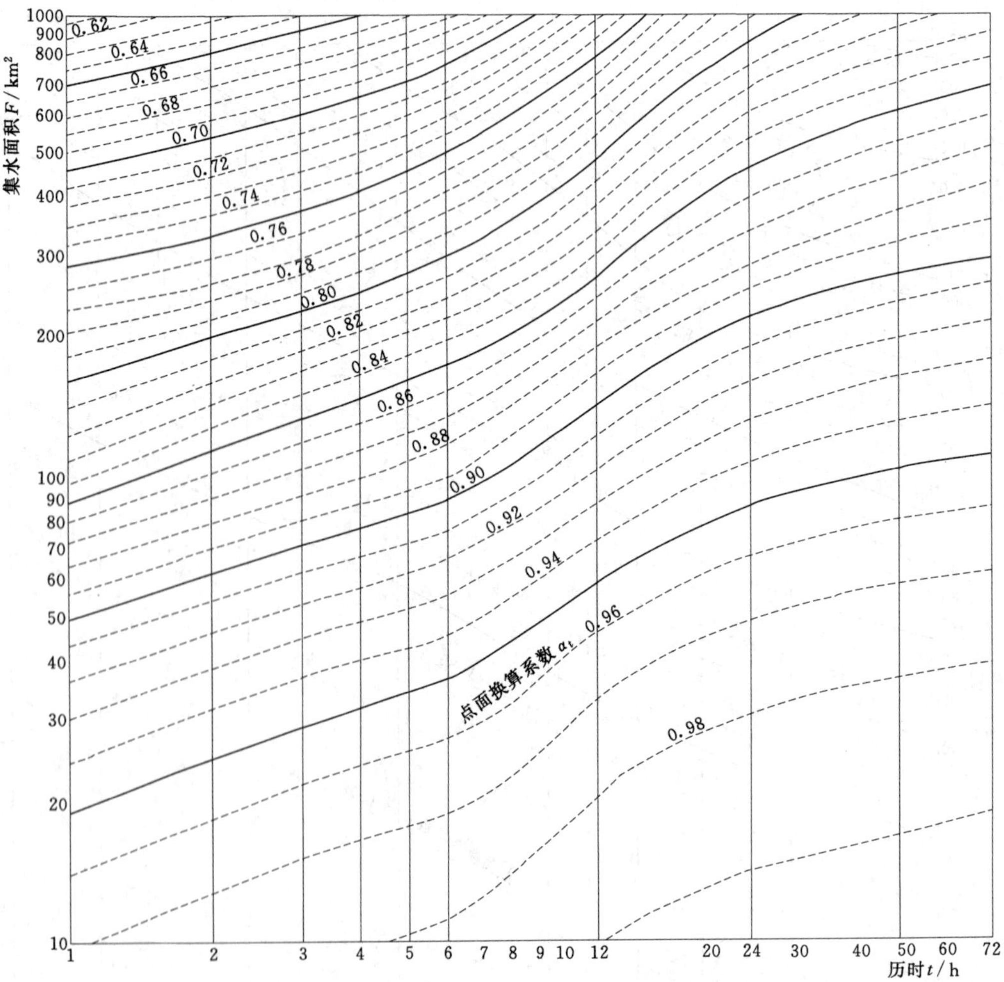

附图 2　暴雨高区

点面换算系数-历时-集水面积关系

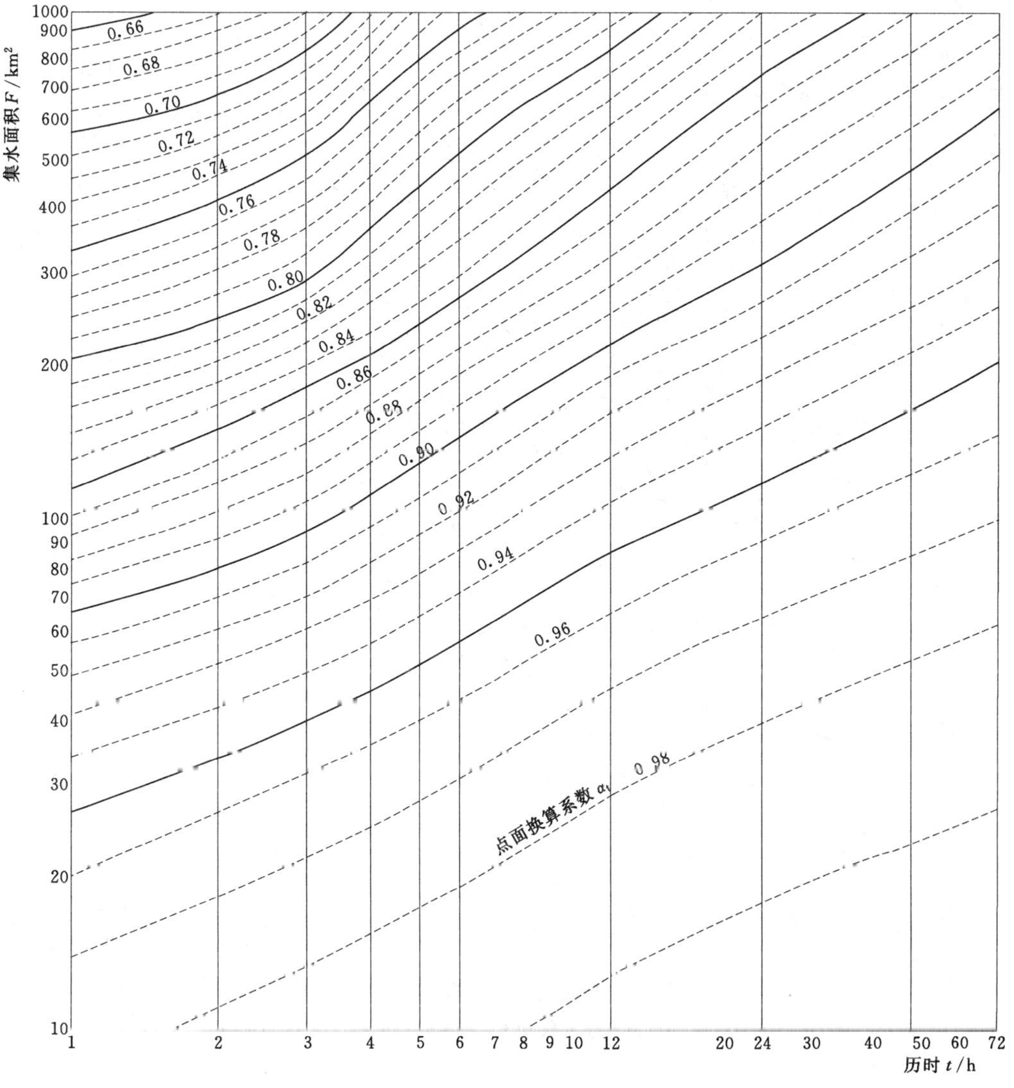

附图 1　暴雨低区

点面换算系数-历时-集水面积关系

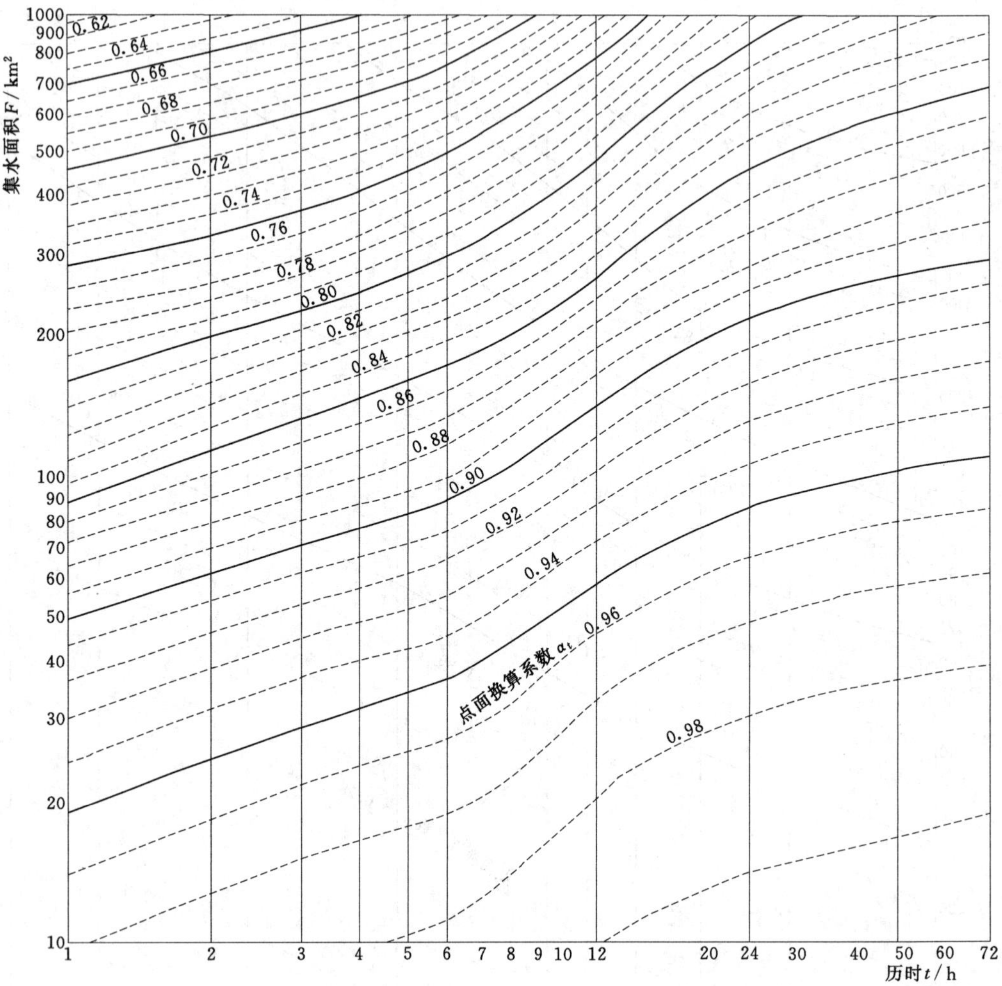

附图2　暴雨高区

点面换算系数-历时-集水面积关系

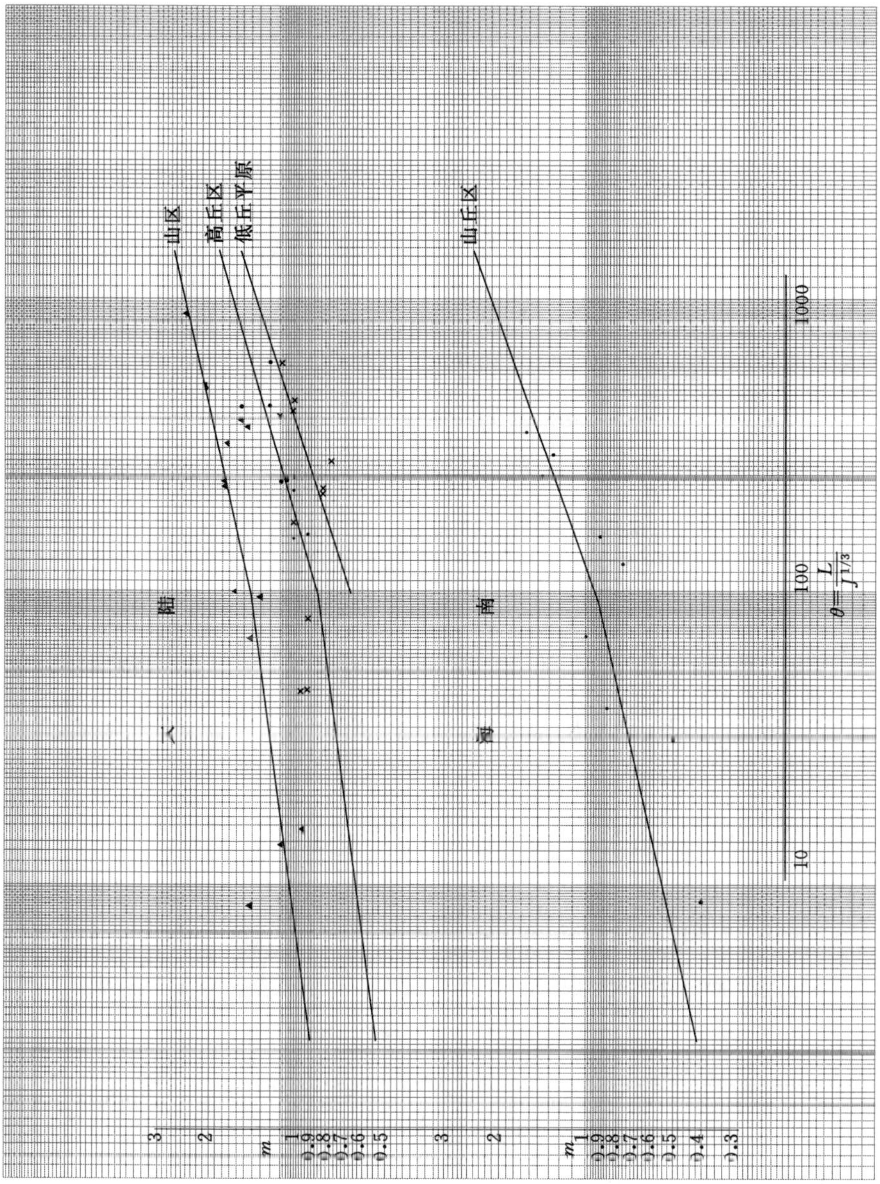

附图 3　推理公式法（1988 年修订）汇流参数 $m-\theta$ 关系